SEGREDOS E MISTÉRIOS DA HIDRÁULICA

Blucher

Manoel Henrique Campos Botelho
Nelson Newton Ferraz

SEGREDOS
E MISTÉRIOS DA HIDRÁULICA

Segredos e mistérios da hidráulica

© 2022 Manoel Henrique Campos Botelho

Nelson Newton Ferraz

Editora Edgard Blücher Ltda.

Publisher Edgard Blücher
Editor Eduardo Blücher
Coordenação editorial Jonatas Eliakim
Produção editorial Bárbara Waida
Preparação de texto Ana Maria Fiorini
Diagramação Villa d'Artes
Revisão de texto Maurício Katayama
Capa Leandro Cunha
Imagens da capa iStockphoto

Blucher

Rua Pedroso Alvarenga, 1245, 4º andar
04531-012 – São Paulo – SP – Brasil
Tel.: 55 (11) 3078-5366
contato@blucher.com.br
www.blucher.com.br

Segundo o Novo Acordo Ortográfico, conforme 5. ed. do *Vocabulário Ortográfico da Língua Portuguesa*, Academia Brasileira de Letras, março de 2009.

Dados Internacionais de Catalogação na Publicação (CIP)
Angélica Ilacqua CRB-8/7057

Botelho, Manoel Henrique Campos
Segredos e mistérios da hidráulica / Manoel Henrique Campos Botelho, Nelson Newton Ferraz. - São Paulo : Blucher, 2022.
228 p. : il.

Bibliografia
ISBN 978-65-5506-565-7 (impresso)
ISBN 978-65-5506-563-3 (eletrônico)

1. Hidráulica 2. Instalações hidráulicas prediais 3. Sistemas hidráulicos I. Título II. Ferraz, Nelson Newton

22-0929 CDD 627

Índice para catálogo sistemático:
1. Hidráulica

Conteúdo

1. Apresentação e objetivos didáticos

A inspiração para produzir este texto começou com um e-mail de um leitor fazendo perguntas sobre pressões hidráulicas. Perguntas de leitores podem ser luzes didáticas na escuridão do ensino. Suas iniciais são J.M.R. e tudo nasceu de perguntas dele.

Explicação n. 1:

As instalações hidráulicas prediais e os sistemas hidráulicos em geral existem em muitas instalações. Por isso, entender, ***mas entender mesmo***, seu funcionamento é muito importante para engenheiros civis, arquitetos, tecnólogos, construtores e usuários.

Escrever livros procurando ser muito didático e contando casos curiosos, e por vezes surpreendentes, pode ajudar *que muitos evoluam* na compreensão desses temas.

Apresentamos o texto a seguir, ***pedindo*** aos leitores que:

- façam comentários,
- corrijam eventuais falhas,
- apresentem casos e ***causos***,
- proponham adendos
- e enviem aos autores esse valioso material de colaboração, pois isso melhorará uma segunda edição.

Esperamos com isso estar contribuindo com os jovens profissionais. Fica um abraço dos autores:

Eng. Manoel Henrique Campos Botelho, autor do livro *Concreto armado eu te amo*

E-mail: manoelbotelho@terra.com.br

Eng. Nelson Newton Ferraz, autor do livro *Guia da Construção Civil*

E-mail: nelfer2011@gmail.com

Maria Angélica, especialista em comunicação

Valem sempre as premissas:

> *"Caminhante, te avisamos que não há caminhos,*
> *os caminhos se abrem ao caminhar..."*

e

> *"A jornada de mil passos começa com o primeiro passo..."*

Parafraseando Camões:

> *"Talvez cursando mares didáticos nunca dantes navegados..."*

E um importante líder religioso:

> *"Se eu errar, corrijam-me..."*

Explicação n. 2:

O texto é composto por crônicas e trechos de trabalhos variados, alguns em fac-símile, dos autores. Assim, os vários itens são independentes e variados, e cremos que, com isso, conseguiremos iluminar assuntos com outra ótica, diferente da convencional, por vezes muito formal e rígida.

Os autores,

São Paulo, abril de 2022.

Nota

Atenção: assunto médico

Os autores do texto alertam aos leitores que o item 46 deste texto aborda, de forma corajosa, um assunto surpreendente quanto ao funcionamento de um conjunto motor bomba hidráulica.

Leitores sensíveis e/ou com problemas cardíacos devem ler o tópico com cuidado. Nós avisamos!

2. Assuntos iniciais

Relembremos a divisão dos corpos da natureza:

- **Sólidos:** têm forma, volume e peso constantes. Exemplo: uma pedra, uma borracha escolar.
- **Líquidos:** têm peso e volume constantes, mas não têm forma constante, pois dependem da forma do recipiente que os envolve. Exemplo: uma sopa dentro de um recipiente.
- **Gases:** têm peso constante desde que dentro de um recipiente, mas seu volume e sua forma dependem do recipiente que os envolve. Exemplo: fumaça proveniente de uma queima.

Este texto se referirá particularmente ao estudo de um líquido específico, a saber, a água, seja a água destinada a ser bebida, a ser utilizada para limpeza de corpos e de utensílios, água em queda gerando energia, água presente em mares, rios, lagos, ou a água que existe nos solos e que pode ser retirada para vários usos.

A inspiração para a produção do texto é o livro *Instalações hidráulicas prediais utilizando tubos de plástico*, escrito pelo Eng. Manoel Henrique Campos Botelho e pelo Eng. Geraldo de Andrade Ribeiro Jr. e editado pela Editora Blucher, atualmente (abril de 2022) em sua 4ª edição.

Tendo este presente texto como origem um livro de engenharia e crônicas tecnológicas, vamos considerar a água estando em corpos naturais como rios e lagos, além da água que escoa sem pressão em canais e aquedutos, e também a água estando em sistemas com pressão, por exemplo, a água existente em sistemas prediais de água potável.

Relembremos alguns conceitos:

- **Pressão hidráulica:** pressão (divisão do valor de uma força pela área onde atua) causada, no nosso caso, por um corpo de água contra uma superfície. Uma unidade de medida dessa pressão é a pressão de um ponto causada por uma altura de água. Exemplo: a pressão da água no oceano, quando supera 10 m, começa a incomodar os ouvidos de um mergulhador. A pressão da água de um sistema de distribuição pública varia de 10 m a 30 m, não devendo, por razões técnicas, exceder cerca de 40 m de pressão.
- **Vazão:** quantidade de água (medida em volume) que passa num local numa unidade de tempo. Exemplo: o rio Tietê tem uma vazão de cerca de 90 m^3/s, na época das chuvas, na região da capital do estado de São Paulo, aliás perto de sua nascente, na cidade de Salesópolis (SP).

- **Vasos comunicantes:** vasos interligados com água, que dessa forma se comunicam. As extremidades dos vasos comunicantes consideradas neste texto são abertas, ou seja, sofrem a pressão atmosférica.

A humanidade considera dois principais sistemas de aproveitamento de água:

1) Água escoando somente com a pressão atmosférica

Caso do antigo Aqueduto da Carioca, que abastecia fontes no Rio de Janeiro usando um canal de pedras para a sua condução até chafarizes. Em São Paulo (capital), temos o abastecimento de água do Sistema Rio Claro, conduzindo água na pressão atmosférica. Em alguns trechos esse sistema tem o escoamento realizado com pressão acima da pressão atmosférica, usando tubos metálicos importados, ou seja, usando uma pressão maior que a pressão atmosférica. Nos trechos em que o escoamento ocorre em canal, ou seja, com a pressão atmosférica, o que faz a água escoar é a declividade do tubo/canalização.

O desenho a seguir mostra uma água contida em um recipiente. Saem desse recipiente em dois pontos, A e B, dois fluxos. A água que sai do ponto A está recebendo pressão que se transforma em velocidade quando sai para a atmosfera. A água que sai do ponto B transforma a pressão que tem em velocidade e alcança um ponto mais distante que o ponto alcançado pela água que saiu do ponto A.

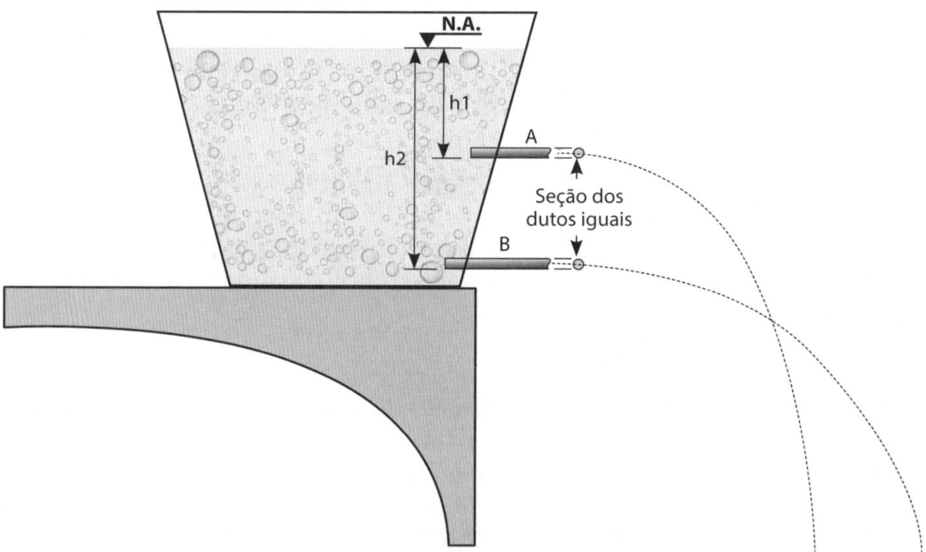

Água saindo de um recipiente em dois pontos, A e B.

Como **h2 > h1**, $S_A = S_B$, ou seja, seções hidráulicas iguais. Usaremos **S** como significativo de área e **Q** como significativo da vazão que ocorre.

$$V_B > V_A, \text{ portanto } Q_B > Q_A$$

2) Vasos comunicantes

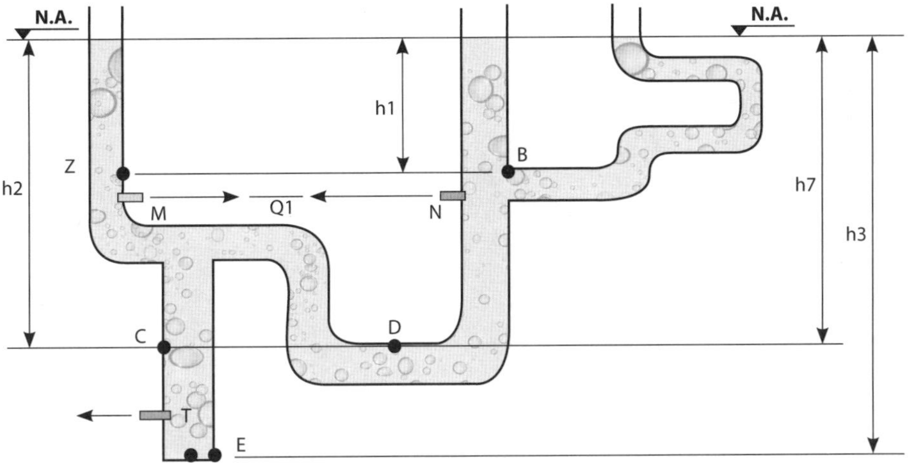

Vasos comunicantes com abertura para a atmosfera nos seus pontos altos e cheios de água até certo nível.

Entenda-se:

- são iguais as pressões hidráulicas nos pontos Z e B. Abrindo orifícios iguais nesses dois pontos (mesmos diâmetros), sairão vazões iguais;
- são iguais as pressões hidráulicas em C e D. Abrindo orifícios iguais em C e D, sairão vazões iguais, e essas vazões serão maiores que as vazões saindo de Z e B pela maior carga hidráulica (h2 > h1); e
- a pressão hidráulica em E (h3) é a maior pressão hidráulica do conjunto, e se abrirmos um orifício de mesmo diâmetro dos anteriores, sairá a maior de todas as vazões desse sistema.

Quando a água não circula num sistema (ou seja, não tem velocidade), temos a chamada ***hidrostática***.

Quando a água circula num sistema (ou seja, tem velocidade), temos a chamada ***hidrodinâmica***. Nas redes de água de uma cidade ocorre escoamento e, portanto, estamos dentro das leis da hidrodinâmica.

Esses vasos comunicantes, com abertura para a atmosfera nos seus pontos altos e cheios de água até certo nível, têm as seguintes características:

- **são iguais as pressões hidráulicas nos pontos Z e B. Abrindo orifícios iguais em diâmetro nesses dois pontos, sairão iguais vazões**;
- são iguais as pressões hidráulicas em C e D. Abrindo orifícios iguais em diâmetro nesses dois pontos, as vazões que sairão serão iguais;
- a pressão hidráulica em E **é** a maior pressão hidráulica (pressão igual a h3).

Estes dois mundos sagrados – o da hidrostática e o da hidrodinâmica – pertencem ao mundo sagrado da mãe ***Hidráulica***.

3. Antigos sistemas hidráulicos

Cada ser humano adulto deve (precisa) ingerir cerca de 2 litros de água por dia. Uma criança recém-nascida deve ingerir o volume diário de água de que necessita exclusivamente via o leite da mãe que a alimenta, e a composição do leite materno indica que ele é composto por mais de 80% de água. Há mamíferos, como o coala (existente na Austrália), que bebem água exclusivamente via ingestão de vegetais ou via sangue de animais que capturam. Os corpos de suas presas têm alto teor de água. No Brasil, o bicho-preguiça tem essa característica do coala.

Em um passado bem distante, os sistemas de condução de água com pressão não existiam ou eram escassos. Por vezes usavam-se precários tubos do material chumbo ou primitivos tubos cerâmicos. Tubos cerâmicos podem transportar água com baixíssimas pressões. Naqueles tempos ou nos tempos atuais, pode-se captar águas de rios e do solo (lençol freático) por meio da captação direta em rios e lagos por baldes e depois transportando-a em recipientes de couro, de argila e outros materiais. A expressão "água potável" vem do termo **potável**, que tem origem na palavra latina *potare,* expressão que significava "beber". Provavelmente, esta é a mesma raiz da palavra pote: designava o recipiente para coleta e transporte, por esforço humano ou animal,[1] da água potável para um local de concentração de gente (aldeia). Vemos a seguir o desenho de um velho sistema de captação e condução de água, seguramente para ingestão humana.

A partir do século XVIII, o ser humano passou a dominar a produção e o uso do material ferro (e uma liga sua chamada de aço), e com isso nasce a civilização industrial. Agora o homem fabrica e usa tubos metálicos, bombas e motores, o que possibilita que a água seja:

- buscada de pontos distantes;
- obtida de pontos mais baixos, de onde as bombas a farão subir, como nos poços profundos, chamados também de poços artesianos ou tubulares.

Curiosidade cultural: higiene e saneamento são expressões semelhantes, sendo que higiene vem de ***Higeia***, com origem no grego antigo, e saneamento vem de ***Sanus***, do latim antigo.

[1] Lamentavelmente, ainda em uso em partes mais pobres do Brasil.

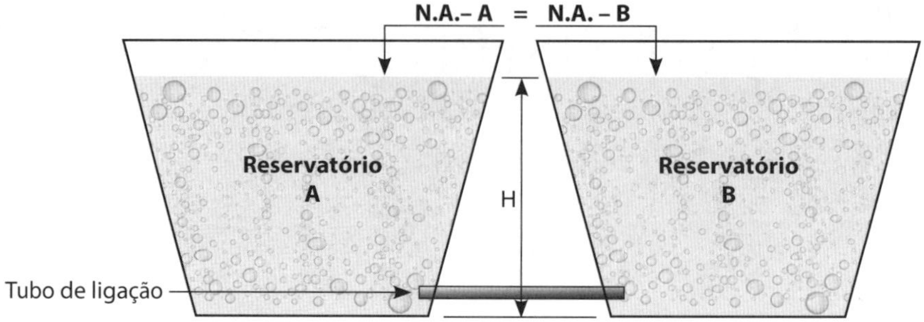

Dois vasos comunicantes A e B submetidos à pressão atmosférica.
O nível de água é igual nos dois vasos.

O escoamento tipo canal é como o escoamento de rios, portanto, sem pressão. O escoamento tipo canal também é chamado de conduto livre. O oposto do conduto livre é o chamado conduto forçado (com pressão acima da pressão atmosférica).

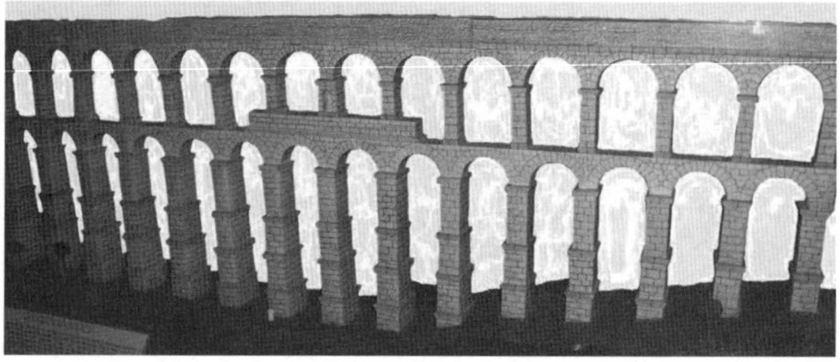

Seção transversal de um canal (aqueduto) transportando água e construído com pedras.

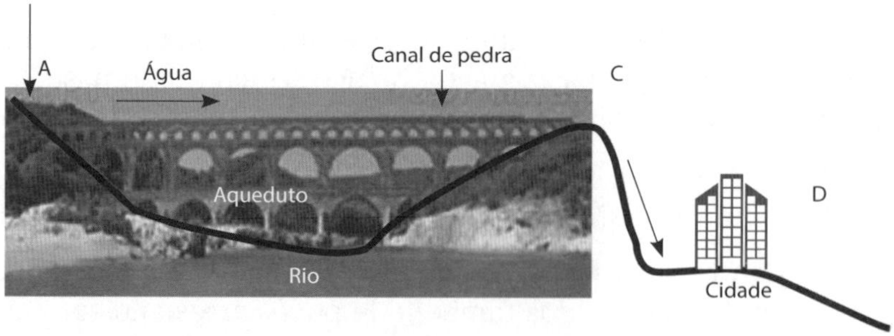

Aqueduto Du Gard, construído na época de Cristo, pela civilização romana, para abastecer de água a cidade de Paris, na França.

O Aqueduto Du Gard levava a água de um ponto alto com cachoeira por um canal construído com pedras. Quando tinha que atravessar um vale (ou rio), usava uma ponte hidráulica (aqueduto), feita integralmente com pedras encaixadas e usando cimentos primitivos. A necessidade de construção e uso de aquedutos, por toda a atual Europa, era para evitar que a água conduzida em canal sofresse uma redução de cota (abaixasse) desde a captação até o destino final. Como na época não existiam bombas e motores, se a água baixasse, não mais subiria e, portanto, não chegaria nas cidades-alvo. **Manter as águas altas era decisivo, e os aquedutos faziam isso, ou seja: mantinham as águas em cota alta, mas sem pressão.**

Chafariz da época do Brasil Colônia. Partes metálicas, como torneiras, feitas de chumbo e/ou bronze, vindas da Europa.

Possível sistema de abastecimento de um grupo de casas num tempo passado. As soluções técnicas mostradas são apenas possibilidades e têm como objetivo apenas uma abordagem didática.

Podemos acreditar que esta figura mostre uma realidade dos séculos XVII a XIX no nosso país. Explicações possíveis para o sistema de abastecimento de água mostrado:

A. Poço escavado no terreno para obter (retirar) água para uso potável dos lençóis freáticos. Para proteger as paredes do poço contra desmoronamentos, ele era internamente revestido com tijolos cerâmicos (argila cozida em fornos).

B. Corda – uso de material vegetal, talvez cipós.

C. Barril de água produzido com peças de madeira, cuidadosamente encaixadas uma com a outra e amarradas com fios vegetais. Nota: até os anos 1960 (época quase contemporânea), as fábricas de cerveja empregavam os barris de madeira para as bebidas (arte da tanoaria) com essa técnica e, para criar uma melhor ligação, esses barris tinham, externamente, cintas de aço.

D. Alavanca de material madeira para facilitar a retirada de água do fundo do poço de água.

E. Canal construído de peças de madeira. Se construído de pedras, resultaria uma estrutura muito pesada e difícil de ser trabalhada, face à sua resistência maior ao corte. O material madeira é um material universal, pois tem uma média resistência e pesa pouco.

F. Canal de escoamento da água. O escoamento é sem pressão e usa a declividade como forma de condução da água até o ponto desejado.

G. Caixa de distribuição da água para permitir atender às várias residências ou também a um chafariz. O chafariz era construído de pedras, e suas torneiras eram, na maioria, de chumbo.

H. Da caixa de distribuição saem tubos que conduzem a água por gravidade (inclinação) para as residências. Os tubos podem ser ou de madeira ou de barro cozido ou até de pedras, de um tipo de pedra mais leve e mais fácil de ser trabalhada. Exemplo: talvez pedra-sabão, como a usada pelo escultor Aleijadinho.

I. A água chegava sem pressão às casas, e não havia reservação predial. Dentro da residência armazenava-se água para ser bebida em potes de barros. Nas casas não havia banheiros e, quando muito, usavam-se banheiros fora da casa, ligados seus efluentes a poços negros, a popular fossa. Só havia alimentação de água para as residências nas horas de uso. Fora desse horário, retirava-se água dos poços. O uso de fossas é uma solução universal em locais rurais e sem sistema público de coleta e disposição de esgotos.

Referências para os jovens e para fixar conceitos históricos do saneamento no nosso país

- Nos bairros de classe média e média alta da cidade de São Paulo, até os anos 1950, as casas, aliás, de bom nível, não tinham abastecimento público, dependendo da retirada de água de poços, um por casa. Os moradores mais abastados compravam água engarrafada exclusivamente para ser bebida, a qual era vendida por um caminhão. Os lotes eram de 10 m x 25 m e não tinham esgotos, usando fossas para a infiltração. Esses lotes, portanto, serviam como manancial de água e infiltração de esgotos. Essa situação se repete hoje para milhões de brasileiros, ***lamentavelmente***.

- Até os anos 1960, usava-se nas residências do interior de São Paulo o fogão a lenha para cozinhar, pois não existia o sistema de gás engarrafado e o uso de fogão elétrico era muito caro face ao preço da energia elétrica.
- Até os anos 1940, na cidade de São Paulo, a classe média não tinha geladeira (chamada então de geladeira elétrica) e as diminutas geladeiras domiciliares usadas, chamadas de geladeiras comuns, eram de madeira, alimentadas diariamente pelo caminhão de entrega de barras de gelo, com peças com dimensões aproximadas de 0,2 m x 0,2 m x 1 m. Esse sistema frigorífico tinha capacidade para atender por algo como 24 horas, quando então nova carga de gelo devia ser reposta, pois a anterior tinha se derretido.

Nota

Na região de Brasília nascem três bacias: a bacia do rio Paraná, que transporta água (sempre descendo topograficamente) até o oceano Atlântico, no rio da Prata; a bacia do rio São Francisco, que leva a água até o oceano Atlântico, entre Alagoas e Sergipe; e por fim a bacia amazônica, que usa para a condução de suas águas os rios Araguaia e Tocantins, sempre descendo de Brasília até alcançar o oceano Atlântico no estado do Pará.

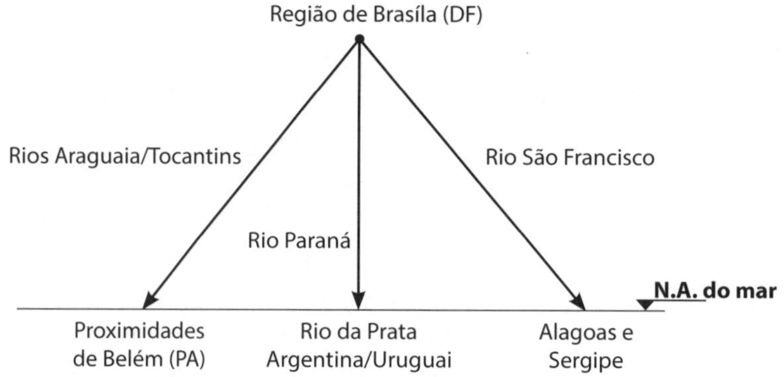

Em qualquer desses rios temos na seção transversal algo como:

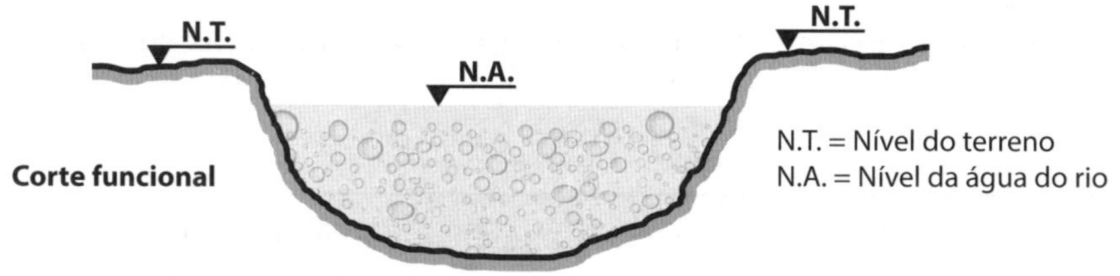

Bacias nascidas em Brasília.

4. Momentos hidráulicos comparativos, fazendo variar as condições. A visceral perda de carga hidráulica

Talvez este capítulo seja o mais importante e conceitual deste trabalho. Mostraremos como a perda de carga hidráulica e a altura de água de um sistema altera todos os valores de vazão, de velocidade e de pressão. A perda de carga hidráulica é como o atrito da Mecânica. A água a escoar dissipa energia no atrito com a superfície do tubo que a envolve, bem como no atrito água com água.

Seja um modelo a ser usado em todos os casos (que chamamos de momentos) e com várias configurações. O momento é um reservatório de água com altura de água constante (entra uma enorme vazão e sai pelo vertedor a vazão não usada). No fundo do reservatório sai uma tubulação (ponto T; acoplada à tubulação temos uma válvula de gaveta, ou talvez a popular torneira) que permite controlar a vazão de saída Q3. Alternativamente ao uso da válvula de gaveta, pode-se utilizar uma válvula borboleta, válvula globo ou de outro tipo. A vazão Q2 é a saída de água do vertedor.

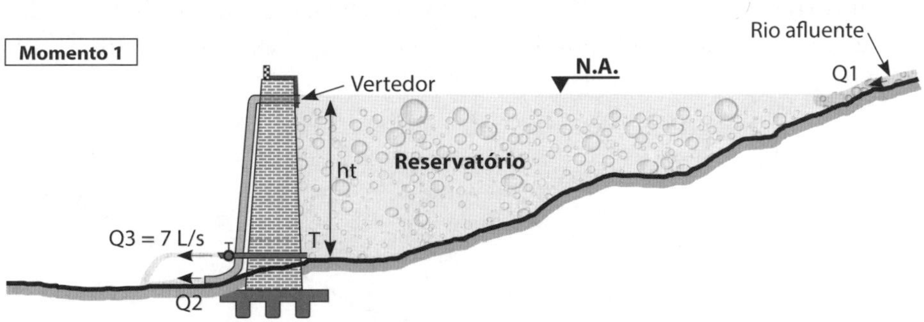

O balanço hídrico é:

$$Q1 = Q2 + Q3$$

em que Q1 é a vazão que chega ao reservatório; Q2, a vazão do extravasor; e Q3, a vazão de saída via válvula de fundo.

A altura de água é ht. Note que, construído esse sistema, a vazão de saída Q3 não mais depende de nós. Vamos ***rezar*** para que as fórmulas da Hidráulica sejam verdadeiras. Se elas forem verdadeiras (os autores confiam nelas), sairá uma vazão Q3 desejada: digamos que resultou a vazão de 7 litros por segundo (7 L/s).

Terminou o Momento 1.

Agora, colocamos no ponto T um tubo horizontal de 25 mm e comprimento 14,2 m.

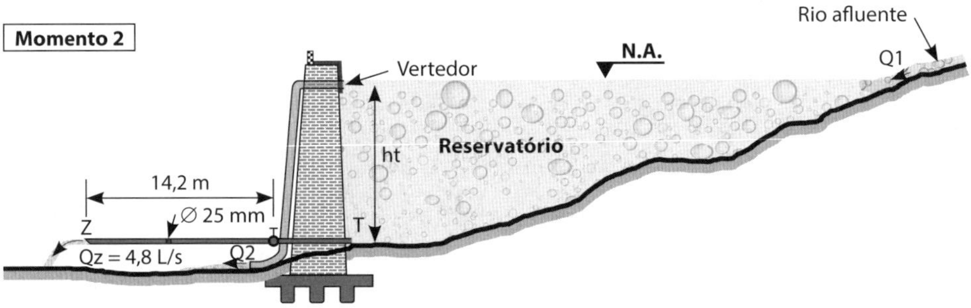

O nível de água no reservatório não muda, pois a hipótese é que a vazão de entrada é enorme e o excesso sai pelo vertedor. Vamos agora medir a vazão que sai no ponto Z, na extremidade do tubo. Veremos que, face à nova situação (a inclusão do tubo de 14,2 m de extensão), a vazão de saída diminuiu, tendo agora o valor de 4,8 litros por segundo. Por que a diminuição de vazão neste novo momento?????

É que agora a vazão que sairá de T a Z terá de passar pelo tubo de 25 mm e, então, ocorrerá uma perda de carga hidráulica, que é o atrito da água roçando a superfície interna do tubo. Se o tubo tem sua extensão aumentada para, digamos, 21,8 m, mantidos sua horizontalidade e seu diâmetro, a vazão de saída QZ diminuirá ainda mais – digamos que passa a ser de 3,1 L/s.

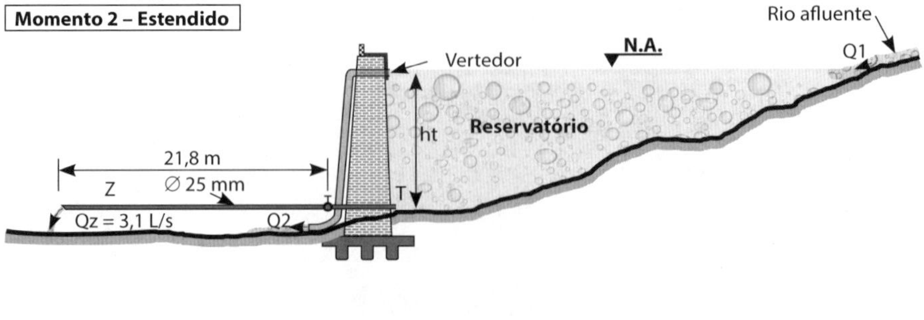

Verdade implacável: todo aumento de comprimento de uma tubulação, mantidas as outras condições, reduzirá a vazão de saída.

É a terrível perda de carga...

Digamos que mantemos a extensão TZ em 21,8m, mas o ponto Z foi rebaixado, como o **Momento 3** mostra:

Momento 3

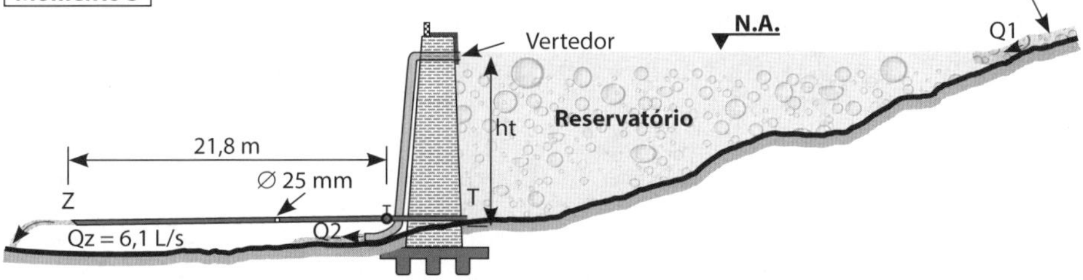

Agora a vazão de saída tornou-se 6,1 L/s, e esse aumento é devido exclusivamente ao abaixamento do ponto Z. A água em Z ganhou energia de altura, pois o ponto Z de saída, agora, está em cota mais baixa.

Vamos então colocar na linha TZ duas peças (válvulas abertas para uso geral), mas as outras condições continuam iguais às do Momento 3.

Vejamos então o que vai acontecer nesse **Momento 4**.

Momento 4

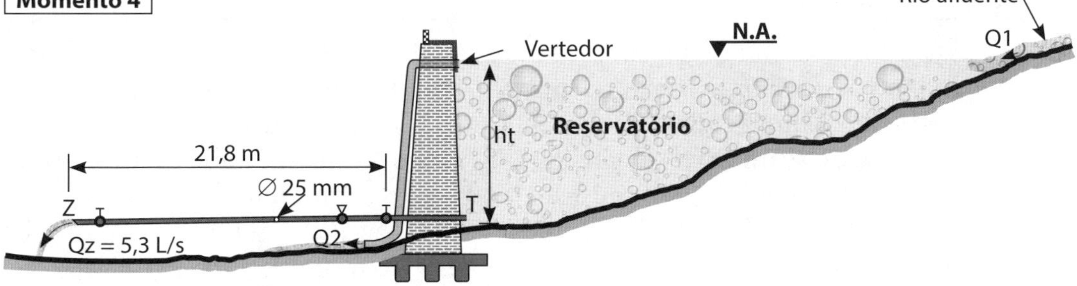

Face à introdução das duas peças adicionais (por exemplo, uma válvula de gaveta e uma válvula ventosa), a vazão agora cai para 5,3 L/s (Qz= Q2).

Conclusão

Definido (construído) um sistema predial, a vazão que escoará se autodefine (acontece), ou seja, cabe ao projetista do sistema rezar para que ocorra a vazão estimada – 3,1 L/s no caso do Momento 4.

Assim:

- quando aumenta o desnível hidráulico, *aumenta a vazão QZ de saída* (se esta for menor que a vazão de entrada Q1 no reservatório);
- quando aumenta o número de peças, *aumenta a perda de carga* (atrito) e cai a vazão de saída;
- quando diminui a extensão da tubulação de saída, *aumenta a vazão* de saída, pois, com a redução da extensão da tubulação, *diminuímos a perda de carga*;
- quando aumenta o diâmetro da tubulação de saída, *aumenta a vazão de saída*;
- com o passar dos anos de uso intenso, pode acontecer de haver ataque químico hídrico à superfície interna da tubulação, aumentando a rugosidade interna da tubulação. Isso *diminui a vazão de saída* face ao *aumento da terrível perda de carga*;
- quando diminui o desnível hidráulico h, diminui a vazão de saída.

Tudo isso acontece pelo fato admitido de entrar no reservatório uma vazão de entrada Q1 maior que a vazão de saída Q2 no tubo de saída.

Notas conceituais

1. Quando vamos a um depósito de material de construção para comprar algo, podemos escolher livremente (desconsiderando o assunto custos) comprar tubos de 25 mm de diâmetro ou tubos de 100 mm de diâmetro. Os tubos de **100 mm de diâmetro** têm maior capacidade – **entendamos: estamos falando de maior capacidade de transporte hídrico** – que os tubos de 25 mm de diâmetro. Mas, se instalarmos esses tubos em um reservatório de água vazio, esses tubos transportarão **zero de água** .
2. Sempre diferenciar: ***vazão*** é algo que molha e pode saciar nossa sede; ***capacidade*** é uma possibilidade de transporte. Uma **Ferrari** tem capacidade de velocidade maior que um querido e inesquecível **Fusca**, desde que a **Ferrari tenha gasolina**!

Até agora demos exemplos genéricos, e as vazões vistas foram simples exemplos. Ao longo deste trabalho ensinaremos você a chegar a valores muito próximos da realidade. Chegaremos lá...

Retomando os Momentos...

Num **Momento 5** complementar: digamos agora que temos um reservatório cheio de água e com nível constante. A vazão de entrada Q1 é bem maior que a vazão de saída, indo, portanto, água para o vertedor (também chamado em algumas regiões do país de "ladrão do sistema").

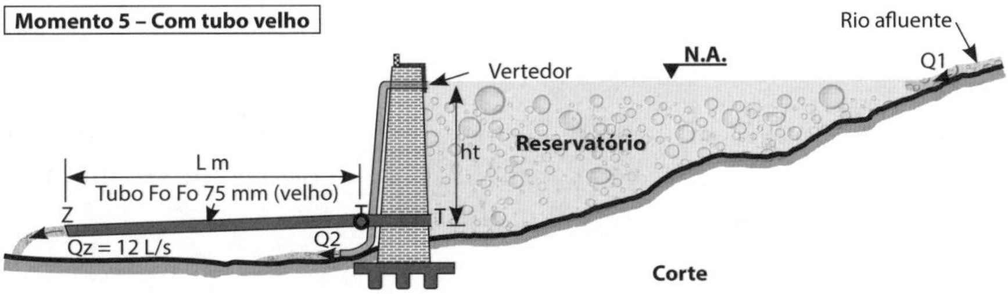

O reservatório mostrado no desenho é velho, bem velho, e dele sai a vazão Qz igual a 12 L/s por meio de uma tubulação (com 75 mm de diâmetro) de ferro fundido, também **velha, bem velha**, e, portanto, com a superfície interna cheia de rugosidade, gerando, por isso, grande perda de carga. Assim, a vazão é diminuta.

Em razão de tudo isso, trocamos essa canalização velha por uma tubulação nova (também de 75 mm de diâmetro) e de plástico, material mais liso e com muito menos perda de carga. O que acontecerá?

Mantidas as outras condições, com a troca dos tubos, mas mantendo o mesmo diâmetro e o mesmo comprimento, face à menor rugosidade, sairá uma **vazão maior**, digamos de 19 L/s.

Como o diâmetro do novo tubo é igual ao diâmetro do velho tubo, as seções hidráulicas são as mesmas.

Em consideração aos leitores que estão ansiosos para saber que vazão sairá de um reservatório, vamos a um exemplo numérico. Para os cálculos numéricos hidráulicos usaremos a equação de Hazen-Williams (**ver Anexo 1**).

Pelas fórmulas da Hidráulica, a vazão QT será aquela que, no tubo de 75 mm de diâmetro e extensão M-T de 190 m, consuma a energia (pressão de 5,7 m).

Vamos dissipar a energia de altura de 17 m numa extensão de 190 m (**Momento 6**).

Momento 6 – Com tubo novo e maior extensão

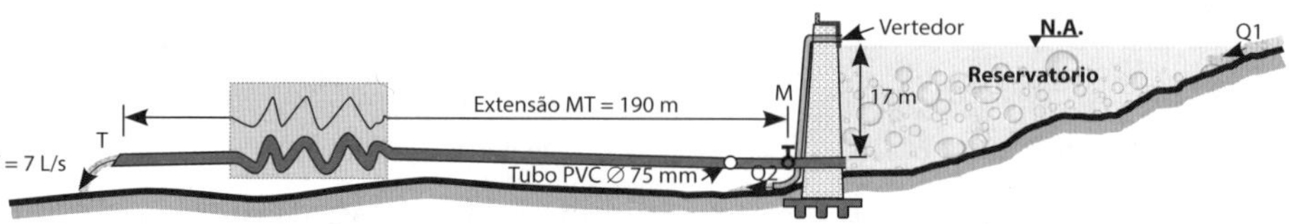

Cálculo

Como dissemos, vamos dissipar a energia da altura de 17 m na extensão de 190 m. Assim, a perda de carga é:

$$h/L = 17 /190 = 0,03 \text{ m/km}$$

Consultando a Tabela de Hazen-Williams, com o diâmetro de 75 mm, conclui-se que a vazão é de 7 L/s. Portanto, essa vazão num tubo de 75 mm de diâmetro resulta na velocidade de 0,8 m/s (ver item 49, Anexo 1).

Nota

Para evitar confusões visuais, adotamos como símbolo da unidade "litro" a letra maiúscula L, e não a minúscula l.

5. Ilusão hidráulica, ou ilusão dos que acreditam que existe a chamada "pressão disponível" na saída de água num sistema com pressão

Peço a extrema atenção **do(a) leitor(a)** para o desenho que se segue.

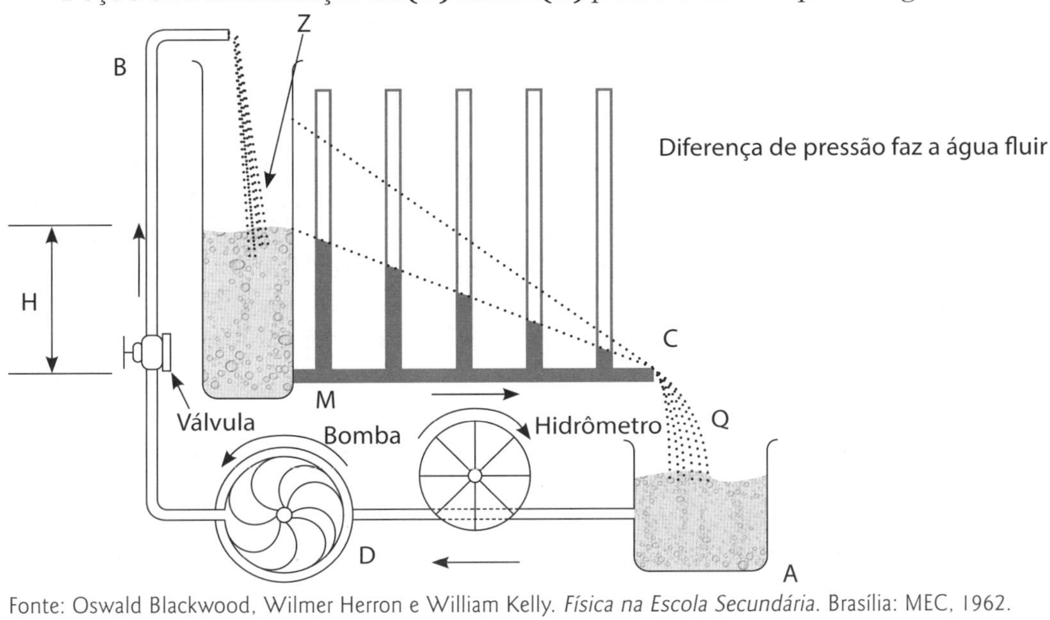

Fonte: Oswald Blackwood, Wilmer Herron e William Kelly. *Física na Escola Secundária*. Brasília: MEC, 1962.

Preparai-vos sem medo de enfrentar o desconhecido.
Plus ultra omnia (em latim, "vamos ultrapassar o desconhecido"...)

Analisemos a situação da figura em cada ponto:

- Ponto A: reservatório de água. Uma bomba hidráulica retira água desse reservatório em A e a encaminha para o ponto B.
- Ponto B: a água que vem pela tubulação descarrega sua vazão no reservatório Z. Do reservatório sai um tubo que vai levar a água do ponto M até o ponto C.

A vazão nesse tubo é Q, função das características da bomba, do tubo e da cota do reservatório Z. Ao longo da tubulação horizontal foram instalados cinco tubinhos transparentes com as extremidades superiores abertas. Assim, podemos ver o nível de água em cada um dos cinco tubos transparentes. É visível que o nível de água é decrescente de tubinho para tubinho, até chegar na extremidade do tubo, ou seja, no ponto **C**, onde a **pressão da água na saída é nula, nula, nula... Mas tem velocidade...**

Ou seja, toda vez que uma saída de água, que circulou graças à pressão, encontra com a atmosfera, sua pressão é nula, totalmente nula.
Tem gente que não acredita e acha que na extremidade do tubo existe uma misteriosa pressão disponível!!!!!

Se construirmos um outro (segundo) sistema de água semelhante, mas com o ponto B mais alto, a pressão da água na saída, nesse encontro com o ar atmosférico, é outra vez **nula, totalmente nula**, mas a água sairá com maior velocidade. No tanque da sua casa, quando a torneira está **fechada**, existe **pressão hidráulica** na torneira. Em prédios altos, a pressão na torneira é maior nos apartamentos mais baixos e menor nos apartamentos mais altos. Abrindo-se todas as torneiras do prédio, em todas as torneiras – **eu falei todas** –, a pressão da água de saída em cada apartamento é nula, totalmente nula. Há um fato: nas torneiras dos apartamentos mais baixos a vazão de saída na torneira é maior (a velocidade também é maior) quando comparada com a vazão de saída das torneiras dos apartamentos mais altos.

Duas observações:

1. Um dos autores morava num apartamento no **primeiro andar** de um prédio de muitos andares. Para pegar água na torneira desse apartamento ele tinha que abrir só parcialmente a torneira. Introduzia, com isso, uma perda de carga, de modo que saía pouca vazão na torneira e com velocidade menor do que se ele abrisse por completo a torneira.

2. Num prédio de escritórios em que trabalhei, havia um sistema de combate a incêndios. A caixa de água ficava na laje superior do prédio. O corpo de bombeiros obrigou o prédio a instalar uma bomba para alimentar o hidrante desse andar superior, para que, em caso de uso, a vazão fosse maior e compatível com o uso no combate a incêndios.

Seja o sistema com dois pontos de saída de água, M e N, os dois com o mesmo diâmetro, conforme a Figura 5.2 (Q = vazão). Logo, $Q_M < Q_N$. Nos dois casos, a pressão disponível nas saídas de água é nula.

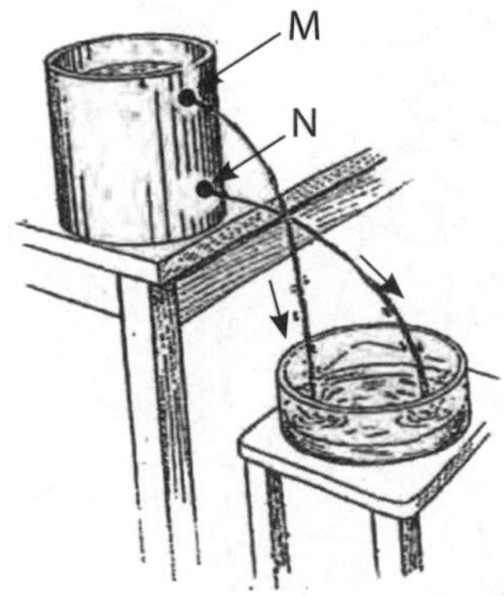

Sistema com dois pontos de saída de água, M e N.

Nota

Confidencial: há pessoas que **não acreditam** no fato de que, no encontro da água com a pressão atmosférica, sempre e sempre a pressão disponível é zero.

Veja na página seguinte a frase do imortal escudeiro Sancho Pança, de D. Quixote, criação de Cervantes:

Dom Quixote e seu fiel escudeiro.

> *"Obedecendo o que os livros ensinam, eu* **não acredito** *que exista pressão disponível no encontro da água com a pressão atmosférica, mas que ela existe, existe, e às vezes, quando vou beber água de uma torneira, até molho minha camisa por causa da pressão disponível na saída da água. E tem gente que acredita que essa pressão não existe..."*

Correção da informação erradíssima de Sancho Pança:

> *"O que molha a camisa do Sancho Pança é a água saindo da torneira com velocidade. A pressão disponível na saída da torneira não consegue molhar a camisa, pois ela* **simplesmente não existe***!"*

O desenho a seguir mostra a não existência de pressão no encontro da água de uma tubulação com a pressão atmosférica.

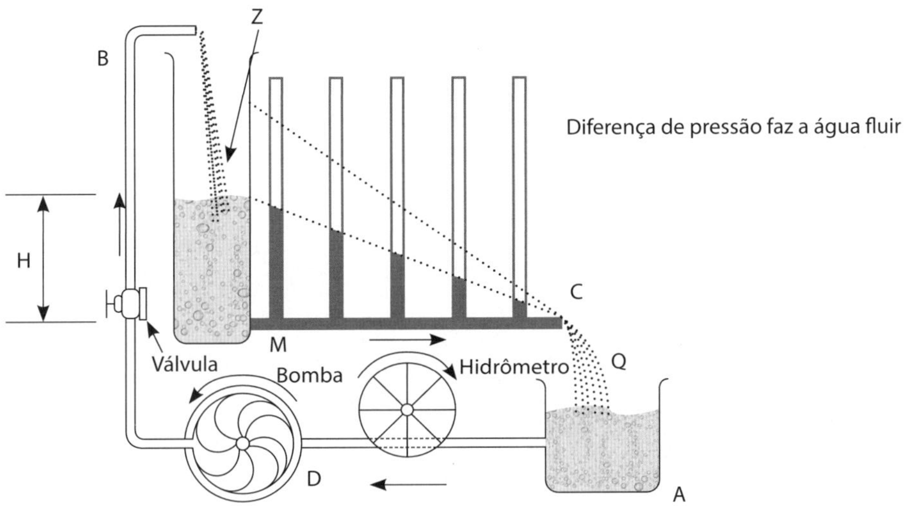

Prova da não existência de pressão no encontro da água de uma tubulação com a pressão atmosférica.

Acusação contra Sancho Pança:

Sancho não acredita no que está exposto no desenho acima, o qual mostra claramente que a água no ponto C, encontro com a atmosfera, não tem pressão, mas velocidade.

Se aumentarmos a altura H, o escoamento, ao encontrar a atmosfera, ou seja, a pressão atmosférica, tem pressão nula, mas terá então maior velocidade, fruto dessa maior altura H.

6. O que é água potável?

A água é classificada como potável quando vem de uma fonte que permanentemente atende o saciar da sede (ação fisiológica), refresca o corpo e atende a regulamentos oficiais de qualidade. Ou seja, presume-se também que essa água não transmita doenças.

Caso interessante aconteceu nos anos 1970, numa cidade do oeste do estado de São Paulo. Uma entidade oficial perfurou um poço profundo, mas muito fundo mesmo, na procura de petróleo. Não achou petróleo, mas, do poço, saiu jorrando (portanto, sem a necessidade de bombeamento) uma água que atendia a todas as exigências da norma oficial mencionada. A água, porém, era quente, superior a 50 °C. Houve uma tentativa de ligar essa água ao sistema público de distribuição do município sede, mas a população rejeitou essa água por sua alta temperatura. Ou seja, essa água não refrescava seus consumidores. Diante do problema, foram instaladas, corretamente, bandejas de resfriamento junto ao poço profundo. A ação dessas bandejas possibilitou que a água fosse distribuída à cidade com temperatura da ordem de 20 °C.

Eis que um cidadão muito esperto da cidade conseguiu, então, um direito de lavra, usando a água quente rejeitada e, dizem, com leves qualidades medicinais (????). O cidadão construiu um hotel termal e ficou rico com a água quente, anteriormente desprezada.

Nota

Águas potáveis devem ter sais. Se fervemos uma água de fonte não muito confiável para transformá-la em uma água segura, podemos estar expulsando esses sais, que saem com a fervura. Sem sais, a água que resulta da fervura tem um gosto algo pesado: a população consumidora pode rejeitá-la e ir buscar água suspeita em minas. Para transformar a água destilada com gosto pesado, podemos fazer grande agitação com ela, mudando-a com violência de recipientes. Isso faz que essa água capte gases da atmosfera e fique com o gosto comum de água leve.

PADRÕES DE POTABILIDADE

Índices em Miligramos/litro (p.p.m.)

Características	U.S.P.H.S.	ABNT Recom	ABNT Toler	Org. Mundial de Saúde Permissível	Org. Mundial de Saúde Excessivo
Físicas					
Turbidez (sil.)	10 (1)	1	5	5	25
Côr (esc. cobalto)	20 (1)	10	30	5	50
Odor ou cheiro	Aus. de odor	Inobjetável		Inobjetável	
Sabor	Aus. de sabor	Inobjetável		Inobjetável	
Químicos					
Manganês (em Mn)	—	—	0,1	0,1	0,5
Chumbo (em Pb)	0,1	—	0,1	0,1	—
Cobre	3,0 (2)	—	3,0	1,0	1,5
Zinco	15,0 (2)	—	15,0	5,0	15,0
Ferro (em Fe)	0,3 (3)	—	0,3	0,3	1,0
Magnésio (em Mg)	125,0 (2)			5,0	15,0
Arsênio (em As)	0,05		0,10	0,2	—
Selênio (em As)	0,05	—	0,05	0,05	—
Cromo (hexavalente)	0,05	—	0,05	0,05	—
Flúor	1,5	1,0	1,5	—	—
Cloretos (Cl)	250,0 (2)	—	250	200	600
Compa. fenol (fenol	0,001 (2)	—	0,001	0,001	0,002
Sulfatos (SO_4)	250,0 (2)	—	250	200	400
Dureza (CO_3Ca)		100	200		
Cloro livre		0,2	0,5		
Nitrog. nitrico				—	50
Sólidos totais	500 (1000)	500	1.000	500	1.500
Cianetos (em CN)				0,01	—
Calcio (em Ca)				75	200
pH		pHs	6	7,0-8,5	> 6,5 ou < 9,2
Bacteriológicas					
N.M.P. Coliformes 100ml	0,92	Tratadas		90% tempo inf. 1. 100% tempo inf. 10)	
		Naturais		90% tempo inf. 10) 100% tempo inf. 20)	

(1) — Para águas filtradas

(2) — Limites recomendados ou sugeridos, porém não exigidos

(3) — Para Ferro e Manganês em conjunto.

Exemplos de antigos, mas muito úteis, teores para definir águas potáveis (anos 1950), conforme padrões do Serviço Americano de Saúde Pública (USPHS), da Associação Brasileira de Normas Técnicas (ABNT) e da Organização Mundial da Saúde (OMS).

Dispositivo de resfriamento de água

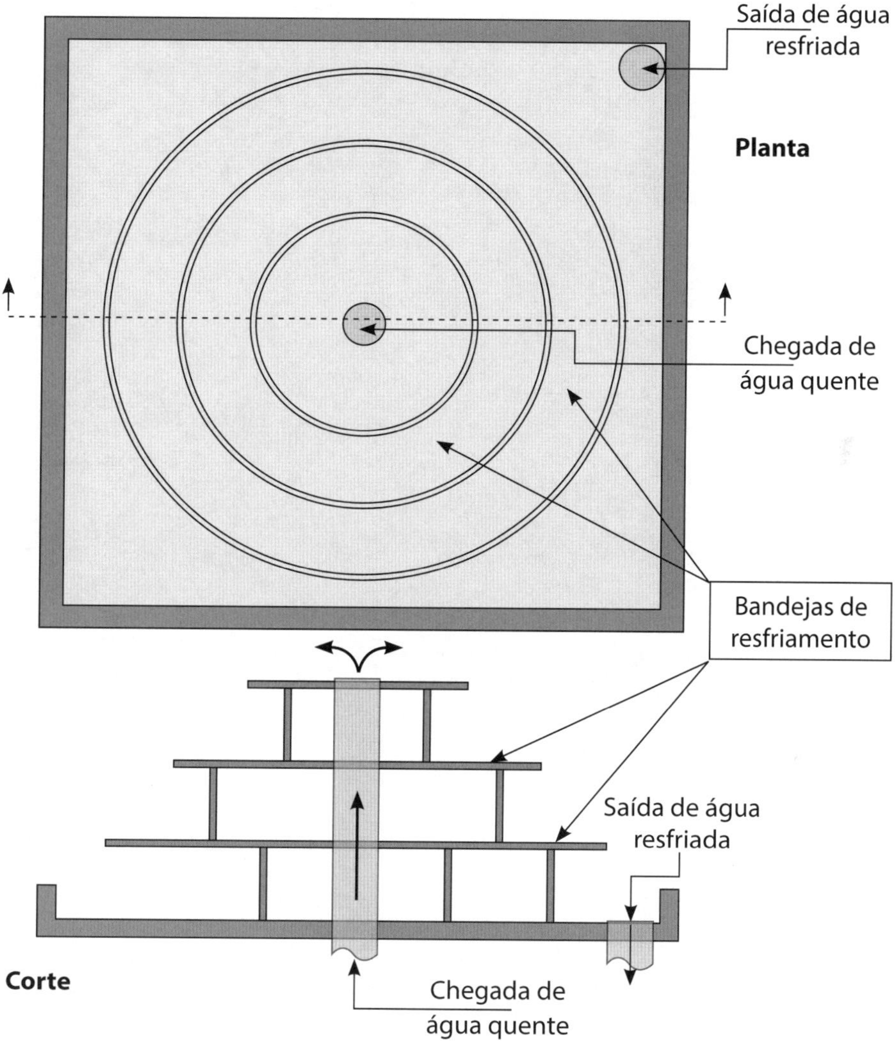

Dispositivo de resfriamento de água.

Nota

A norma federal de qualidade da água é o anexo XX da Portaria de Consolidação n. 5/2017, do Ministério da Saúde.

7. Pressão estática e pressão dinâmica na rede de distribuição

E-mail do leitor Ricardo, de São Paulo (SP), sobre **a famosa questão da pressão estática e da pressão dinâmica**.

Pergunta: "Dá para explicar mais uma vez essa questão de pressão estática e pressão dinâmica? Nunca entendi isso direito".

Resposta

Na rede de água de uma pequena cidade, vá ao ponto do hidrômetro (entrada do sagrado líquido de uma casa) em altas madrugadas, quando, por hipótese, o uso de água da cidade é nulo ou quase nulo (por hipótese!), e meça a pressão da água nesse ponto. A pressão pode ser determinada usando um tubinho plástico transparente e medindo a altura de água que vai ocorrer, ou usando um manômetro (que dá a mesma medida em metros de coluna de água). A pressão nesse ponto é a chamada (diríamos apelidada) **pressão estática**, ou seja, a diferença de cota entre o nível da água no tubinho e o ponto. Dará algo como uns 30 m (estamos, não se esqueça, medindo a pressão em alta madrugada). Volte a esse ponto e meça a pressão agora às 12 horas (meio-dia), quando toda a cidade está consumindo água. A pressão agora medida (apelidada de **pressão dinâmica**) é menor que a pressão da madrugada (**pressão estática**). Como ao meio-dia a água está circulando pela cidade, ocorrerá talvez uma pressão, agora apelidada – eu falei apelidada! – de **dinâmica**, de uns 12 m. Se você vai usar água só de madrugada, o que lhe interessa é a **pressão estática**, que é então chamada de **pressão disponível**, ou seja, é aquela pressão que, se você abrir a torneira, vai virar velocidade. Se você for usar água de dia, a sua **pressão disponível** é a **pressão dinâmica**, que é sempre menor que a **pressão estática**. A expressão "pressão disponível" talvez seja infeliz, pois cria mais um conceito desnecessário.

A razão de a **pressão dinâmica** ser inferior à **pressão estática** é que a pressão dinâmica é medida na hora de maior consumo de água e, com isso, ocorrem maiores atritos hidráulicos, diminuindo a pressão. Ou seja: numa analogia com a Mecânica, o aumento do atrito consome energia.

Nos bairros muito altos da cidade de São Paulo, na década de 1950, ao meio-dia, a **pressão dinâmica era nula**, ou seja, aberta a torneira, não saía água... Os moradores esperavam pela noite, quando existia pressão de água na torneira (pressão estática), para abrir totalmente as torneiras de entrada de água na residência, encher as caixas de água e tomar banho. Era a ocorrência (noturna) da **pressão estática**, sempre maior que a **pressão dinâmica**.

Ou seja, **tudo** é **pressão hidráulica**, e poderíamos chamar:

- **pressão estática**: pressão noturna (mínimo consumo de água na cidade);

- **pressão dinâmica**: pressão ao meio-dia (maior consumo de água na cidade).

Ficou claro?

Mas note-se: com a torneira fechada existe pressão (**estática** se medida à **noite**; **dinâmica** se medida ao redor do **meio-dia**). Aberta a torneira, obrigatoriamente, toda a pressão que existia agora vira velocidade, e a água sai **sem nenhuma pressão**. Se a pressão com a torneira fechada era alta, então a velocidade de saída é grande e, portanto, a vazão é grande, pois **Q = SV**, em que **Q** = vazão; **S** = área interna do tubo, que é constante; e **V** = velocidade.

Se a pressão na torneira de entrada for baixa, então, ao abrir a torneira, a velocidade V agora é menor, e como S (área da tubulação) é constante, a vazão Q será menor.

Em qualquer um dos dois casos, a **pressão de saída da água na atmosfera é nula, totalmente nula**. O que varia é a velocidade de saída da água da mangueira.

Quando se lava um carro num posto que tem uma bomba, a água sempre sai com pressão atmosférica nula, totalmente nula. O que é grande é a velocidade da água, velocidade que gera a expulsão da sujeira e a expulsão do sabão adicionado para limpeza do automóvel. Num prédio de apartamentos, a vazão de saída da torneira do tanque de lavar roupas de um apartamento do andar mais baixo será maior que a vazão de saída da torneira do tanque de um apartamento localizado em andar mais alto.

Ficou implacavelmente claro??????????

Se você não entendeu ou discorda, contate-nos.

Notas

1. Por motivos didáticos, eu preferiria usar outras expressões para eliminar dúvidas.
2. Assim, e exclusivamente para estudos de abastecimento público de água:
   - **pressão estática**: pressão da água na rede pública à noite;
   - **pressão dinâmica**: pressão da água na rede pública ao redor do meio-dia.
3. Pode-se medir a pressão da água na rede usando dois processos:
   - instala-se um tubo transparente no ponto e mede-se a altura de água que subirá nesse tubo;
   - instala-se um manômetro num ponto da rede. O manômetro é um aparelho que tem uma mola que se deforma em função da pressão da água.

As duas medidas deverão ser iguais. O uso do manômetro é mais fácil. Um manômetro cabe na palma da mão, enquanto o tubo pode precisar de dezenas de metros de altura, algo complicadíssimo!!!!!

4. Atenção, atenção! Na engenharia aeronáutica e com um avião em pleno voo, usa-se para medir a velocidade do avião um tubo especial chamado tubo de Pitot, conforme o esquema a seguir. O valor da medida do tubo de Pitot é chamado de pressão dinâmica, mas os autores deste texto a chamariam de **pressão dinâmica aeronáutica**, para não confundir com a pressão dinâmica do saneamento. A pressão dinâmica aeronáutica depende da velocidade do avião.

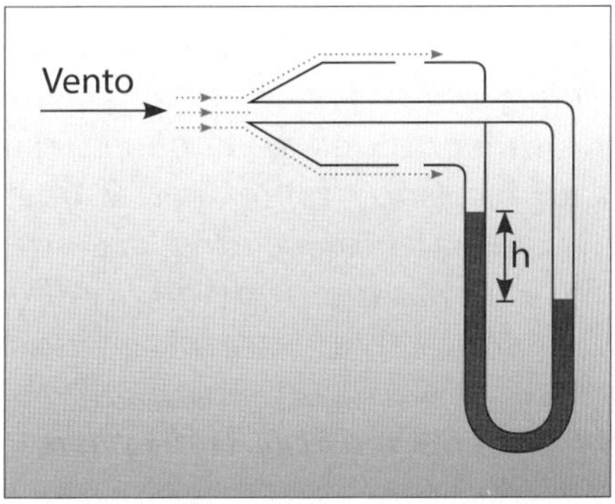

Tubo de Pitot. h = pressão no tubo de Pitot.

Mas pressão estática e pressão dinâmica são ambas pressões, só que medidas em horários diferentes, face aos usos diferentes da água em função do horário.

Pergunta e resposta para o leitor Eduardo. Ênfase didática

18/05/2009

Prezado Eng. Manoel H. C. Botelho,

Li um artigo seu no Fórum da Construção ("Pressão disponível, pressão estática e pressão dinâmica. O que é isto?") e achei bastante esclarecedor. Mas, por favor, dê um exemplo.

Resposta (os autores adoram conversar com seus leitores):

Colega Eduardo,

O assunto é facílimo, mas altamente conceitual e discursivo.

Uma cidade de 1 milhão de habitantes e que não tinha um bom serviço de água construiu um reservatório elevado, no alto do morro. A casa na cota mais alta tinha algo como 40 m de desnível em relação ao morro. Ótima pressão disponível! A casa em posição mais baixa tinha 100 m de desnível... Maravilhosa pressão disponível! O engenheiro que projetou o sistema, vendo os desníveis hidráulicos disponíveis, desenhou toda a rede de água, mas toda mesmo, com tubos de 5 mm de diâmetro (exagero didático meu, mas esta é uma historieta com objetivo didático).

À noite, quando a cidade inteira dormia, a pressão disponível (na torneira de entrada da casa) variava de 40 m a uns 50 m, uma maravilha. A água jorrava do tubo de 5 mm quando o número de usuários não chegava a dez em toda a cidade. Porém, bastava dar 5 horas da manhã que agora só chegava nas casas água com os antigos 50 m de pressão disponível. É que os usuários abriam as torneiras e o sistema não escoava, apesar da pressão disponível da madrugada. É como a cidade de São Paulo. Na madrugada, as ruas e avenidas são livres e desimpedidas. É maravilhoso andar. Basta chegarem as 4 horas da manhã que o trânsito começa a ficar difícil, e às 8 horas da manhã, tudo para.

No caso hidráulico, faltou dimensionar corretamente a rede, ou seja, ter diâmetros tais que, ao abrir a torneira, mesmo nas casas na zona alta, a vazão ocorra (no caso das ruas de São Paulo, isso seria a largura das ruas e avenidas. Se as ruas fossem mais largas, o trânsito fluiria).

Mas, sempre e sempre, a água sai da torneira já no ambiente com pressão nula, totalmente nula. O que varia é a velocidade. Nos pontos com pressão à noite (pressão disponível) e com todo o sistema dotado de tubos de diâmetros adequados, sai muita vazão. É por sair tanta vazão que a torneira é regulável, ou seja, eu regulo quanto eu quero que saia de água, por meio da introdução de uma perda de carga que é um obstáculo que cresce ou diminui no tubo da torneira, permitindo que saia mais ou menos vazão, mas sempre e eternamente com pressão nula. O obstáculo é a torneira que é regulável, isto é, introduz maior perda de carga (torneira quase fechada) ou menor perda de carga (torneira quase totalmente aberta).

8. Crônica. Denúncia surpreendente do dr. Heins. Não há pressão nas redes de água, não há pressão nas adutoras, não há pressão nos oleodutos

Atenção! Esta **é** uma crônica com objetivos didáticos.

Recebi uma carta contando esta história que reconto aqui.

No final da década de 1960, eu trabalhava em projetos de saneamento e minha missão era fazer estudos de viabilidade de sistemas de água para várias cidades do oeste do estado de São Paulo. Lá fui eu visitar Marília, Osvaldo Cruz, Lucélia, Tupã, Bastos e outras cidades. Nessas andanças, fiz amizades com os colegas engenheiros que chefiavam os Serviços de Águas e Esgotos (SAE) dessas cidades. Às vezes não eram engenheiros que chefiavam essas autarquias. Numa pequena cidade dessa região, o chefe do SAE era um técnico alemão (com curso de engenharia feito na Alemanha, cujo diploma caíra no mar quando da viagem ao Brasil, como explicava ele). Chamemo-lo como fazia questão de ser chamado: dr. Heins. Eu e o dr. Heins ficamos amigos. Eu adorava nossas conversas à boca da noite em um armazém, quando, ao redor de umas cervejas e sanduíches de mortadela, dr. Heins contava suas histórias passadas no Tirol ou falava de sua participação da Segunda Guerra. Finda a guerra, dr. Heins decidira conhecer o mundo e chegou, sei lá por que razões, ao Brasil, e sei lá por que razões àquela região. Numa de nossas conversas, dr. Heins um dia tornou-se misterioso e contou-me a mais incrível história que o meu ouvido de engenheiro já escutou. Mas alerto: se você, caro leitor, tem preconceitos, é conservador, não continue a ler este artigo. Combinado? O que o dr. Heins me contou é o seguinte:

"Caro amigo. Considerando que você é jovem, estudioso e impetuoso, quero te contar um segredo tecnológico, uma descoberta minha revolucionária, mas que a idade e a condição de estrangeiro me impedem de levar adiante. A empreitada é grande demais para os meus cansados ombros. Peço que você, ao ser iniciado neste mistério, divulgue-o, conte ao mundo esta descoberta apesar das terríveis pressões que se levantarão contra você. Que as Walkirias e os deuses te protejam."

Desnecessário dizer que eu, no verdor dos meus vinte e poucos anos, estava estupefato. Que mistério seria? Que pressões sofreria? Seria eu digno de tal honra? Dr. Heins continuou:

"Descobri que em qualquer canalização, seja rede de água, adutora, óleo, canalização de gás, em qualquer caso, em qualquer situação, o fluido jamais tem pressão! Ou seja, a pressão é sempre atmosférica!"

Aquela declaração me deixou tonto. Dr. Heins parecia até então ter um bom nível técnico e vinha dizer uma batatada daquelas. E logo para mim, um engenheiro permanentemente envolvido em cálculo de redes, cálculo de adutoras, cálculo de sobrepressão em adutoras etc. Não pude, portanto, deixar de apresentar um certo sorrisinho de descrença. Mas parece que o dr. Heins já esperava a minha descrença e, pegando um pedaço de papel, começou a desenhar um esquema como o a seguir:

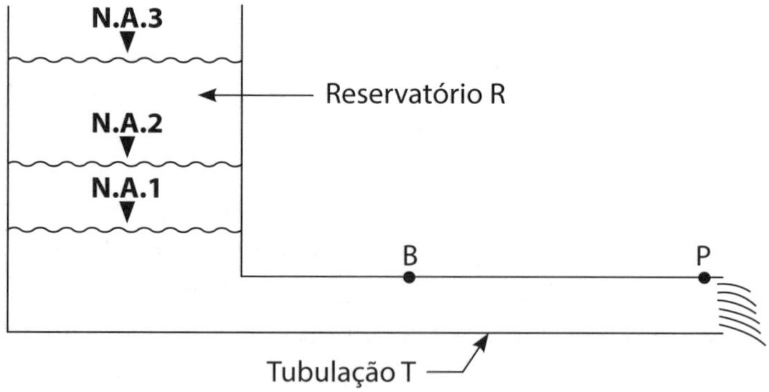

Enquanto desenhava, dr. Heins falava:

"Eu sabia que seria difícil você aceitar logo de início a minha descoberta, mas vamos acompanhar o meu raciocínio a partir deste

desenho. Seja um reservatório R e uma tubulação T saindo desse reservatório. Admitamos que nesse reservatório o nível de água seja variável, podendo ter os níveis NA1, NA2, NA3. Agora preste muita atenção e responda com honestidade, mas realmente com honestidade. Se ocorrer no reservatório o nível NA1, qual a pressão de água na saída da tubulação em P?"

Sem perceber a armadilha que começava a se armar, respondi com segurança:

"Se o nível for NA1, então a pressão de saída em P será pressão atmosférica, ou seja, pressão nula."

Agora quem deu um sorrisinho foi o dr. Heins, que continuou armando o alçapão:

"Se aumentarmos o nível de água no reservatório para NA2, como fica a pressão de saída?"

Senti que o chão começava a me faltar e, algo vacilante, respondi:

"A pressão de saída é nula."

Dr. Heins **não perdoava e preparava mais um golpe**:

"E se aumentarmos ainda mais o nível de água do reservatório, para NA3, qual será então a pressão de saída de água no ponto P?"

Conforme tinha prometido, fui honesto e desabafei:

"Dr. Heins, tenho que reconhecer: qualquer que seja o nível de água no reservatório, a água sai sempre com pressão atmosférica, ou seja, pressão nula. Mas alerto: isso só é válido na saída do tubo."

Dr. Heins sorriu e deu o golpe final:

"Se fizermos um furo na metade da extensão da tubulação, com que pressão sairá a água?"

O mundo rodopiava em torno de mim. Rangi os dentes e sussurrei a contragosto:

"A pressão de saída da água num ponto intermediário B também é nula."

Dr. Heins olhou-me com uma nunca suspeitada superioridade germânico-ariana e declarou para este pobre latino:

> *"Você acaba de reconhecer a correção de minha teoria. Se a água sai sempre com pressão atmosférica, em qualquer ponto, qualquer que seja o nível do reservatório, qualquer que seja a extensão do tubo, então só existe uma explicação para esse paradoxo, aliás falso paradoxo: a água sempre escoa sem pressão em qualquer canalização. As conclusões são revolucionárias, pois a partir delas poderemos utilizar tubulações de aço de qualquer espessura, poderemos construir oleodutos e adutoras usando manilha de barro, nunca mais se romperão canalizações por excesso de pressão."*

Aí tentei interromper esse sonho, esse delírio do dr. Heins. Eu estava literalmente chocado com tudo o que ouvia, e que punha por terra tudo o que aprendera e usava no meu dia a dia profissional. Como era possível?

Usando folhas vermelhas de papel de embrulho e perdido num pequeno bar de uma minúscula cidade do interior, e logo comigo, estaria nascendo uma teoria que modificaria toda a engenharia mundial? Não, não e não. Milagres não acontecem mais. Sem argumentações técnicas, confesso, apelei:

> *"A melhor resposta à sua absurda teoria é o fato de ela nunca ter sido usada; nunca ninguém escreveu sobre ela. Ou alguém já escreveu algo a respeito?"*

Dr. Heins **não se abatia**:

> *"Como a minha teoria, a minha descoberta, não favorece as multinacionais do aço, é lógico que ela não tem muito espaço nas revistas técnicas. Mas um dia li um artigo sobre uma cidade que por bom tempo trazia água de um manancial bem alto, vencendo um desnível de dezenas de metros, usando manilhas de barro. O escoamento era em seção plena!"*

Continuei na defesa, atacando:

> *"Desculpe, dr. Heins, mas não basta dizer que leu um artigo. Precisa dar mais dados, dizer principalmente o nome do autor do artigo. Nesses casos de credibilidade, o nome do autor é tudo. Qual o nome dele?"*
>
> *"O nome completo do autor não me lembro, mas parece que o sobrenome é algo como dr. Brito...", respondeu dr. Heins.*

Aquele nome esfriou-me. Podia ser qualquer nome, menos Brito, o sobrenome sagrado da Engenharia Sanitária, o sobrenome de Saturnino de Brito. Mas seria dele o sobrenome? Existiria mesmo o artigo? Insisti em ver esse artigo. Em vão. Dr. Heins lera há tempos o artigo, mas não guardara cópia ou referência. Aquela falha documental enfraqueceu a argumentação do dr. Heins. Como eu não me sentia à vontade com aquela teoria que punha por terra teorias há séculos aceitas pela humanidade, decidi cortar a conversa por aí. Nas outras poucas vezes que encontrei o dr. Heins não falamos mais sobre o assunto. O assunto virou tabu. Alguns anos depois, soube que dr. Heins morrera, talvez sem revelar a mais ninguém seu segredo. Assim, talvez eu fosse o único depositário de tal descoberta. Para mim este era um assunto morto e sepultado, até que um dia, ao ler um livro de Saturnino de Brito, encontrei no volume XVII de sua coleção uma referência sobre um curioso sistema de abastecimento de água de Caruaru. Um frio percorreu-me a espinha. Teria eu, sem querer, redescoberto a mina do tesouro, ou melhor, a mina do segredo tecnológico? As lembranças do dr. Heins voltaram. Relato agora o que li, sem acrescentar nada, sem comentar nada. Deixo ao leitor a conclusão. Já sofri demais com este assunto. Se algum dos leitores quiser seguir com essa nova teoria e anunciá-la ao mundo, fica autorizado. Como diria o dr. Heins, que os deuses e as Walkirias o protejam.

O texto é o seguinte (*Obras completas de Saturnino Brito*, Instituto Nacional do Livro, 1944, vol. 17, p. 347):

> *92. A história do atual abastecimento de água de Caruaru é recente e interessante. Em 1919 o sr. Antônio Menino encarregou-se do empreendimento. Por lhe parecer muito alto o custo dos tubos de ferro fundido ou de aço após a guerra, ou por impulsão própria, para fazer ele mesmo as cousas, resolveu empregar tubos de barro fabricados na sua olaria de tijolos e telhas. Os tubos são muito curtos e de 5 centímetros de diâmetro, 3 a 4 centímetros de espessura (não medi estas dimensões); o material não tem as qualidades dos tubos de grés ou de barro vitrificado. Durante cinco anos ocupou-se neste singular empreendimento de fazer um conduto forçado de tubos de barro de inferior qualidade, com 12 km de extensão e 212 metros de diferença de nível entre pontos extremos (naturalmente este conduto nunca ficou em carga estática e provavelmente existiam caixas de quebra de carga, seccionando a linha). Conseguiu, com este serviço, ter água em Caruaru durante três anos. Mas a sua adutora continuava a lhe dar trabalhos, entre eles fechar os furos abertos à ponta de faca pelos "matutos sequiosos"...*

9. Entendendo a função do bombeamento de água

Há várias situações nas quais precisamos bombear água. Vejamos alguns casos.

1. Bombeamento de água de um rio ou qualquer corpo de água para tratamento em cima de um ponto alto (montanha).

Recalque para caixa-d'água e posterior distribuição

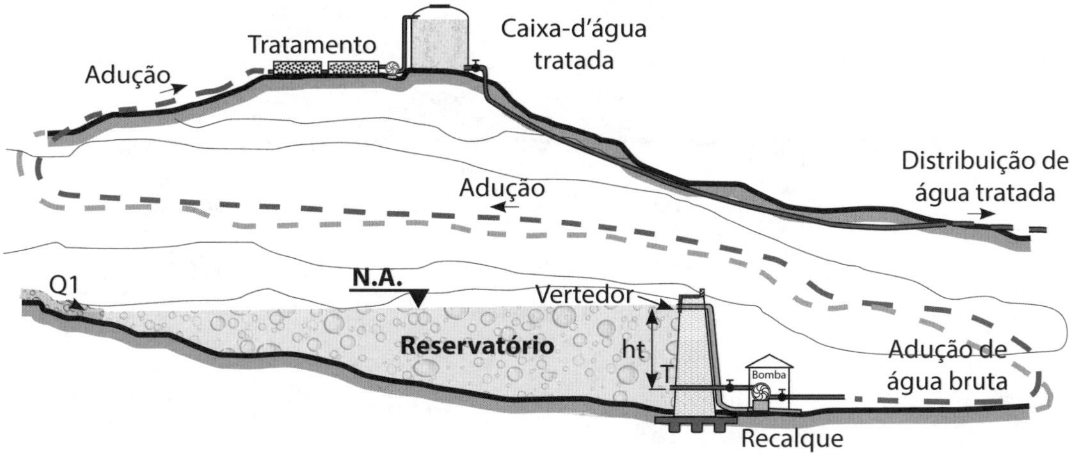

2. Bombeamento de água já potável que está sendo distribuída em rede para abastecer uma cidade. Há prédios altos, ou seja, com vários andares, e a pressão da rede não consegue jogar a água nos reservatórios elevados desses prédios. Usa-se, então, uma caixa de água em posição baixa, dentro do prédio (normalmente enterrada), recebendo a água da rede pública. Usando bombas, joga-se a água para uma caixa de água no alto do prédio, e a alimentação da rede predial começa dessa caixa de água do alto do prédio.

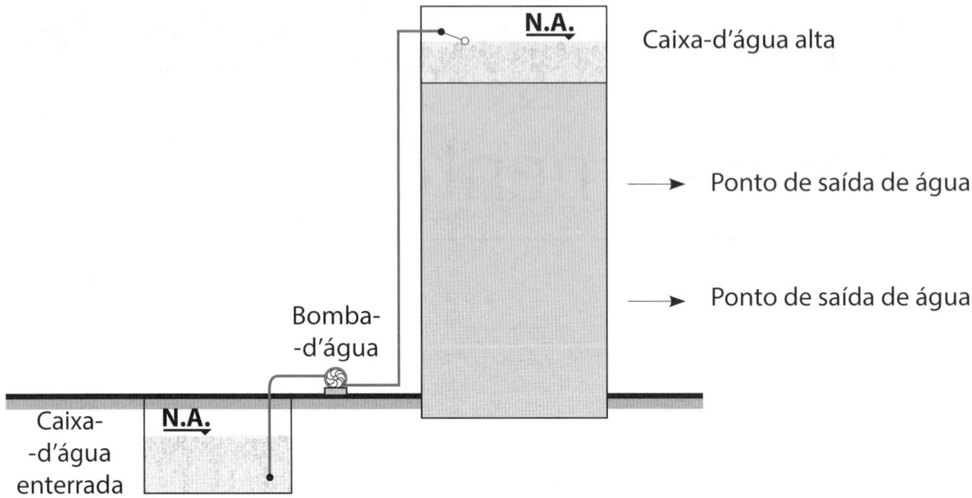

3. Bombeamento de água para lavar carros em postos de gasolina. Aqui, o que interessa é que a água saia da extremidade da mangueira com muita velocidade, o que favorece a lavagem, expulsando a sujeira e o sabão usado na limpeza do carro, e que tinha sido previamente aplicado.

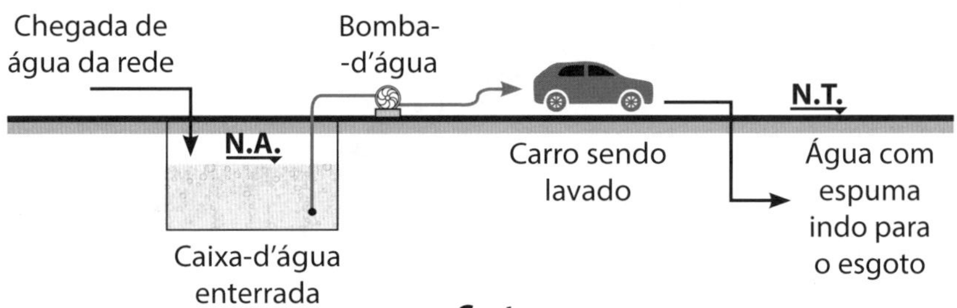

Corte

10. A misteriosa plaquetinha no rodapé do banheiro do apartamento de um prédio

Pergunta de um leitor de nome Alberto, de Florianópolis (SC).

> *Comprei, faz anos, um apartamento de prédio em construção e do qual eu e minha família seríamos os primeiros moradores. O apartamento tinha uma planta como a mostrada no desenho a seguir. O aquecimento de água dos dois banheiros era feito por*

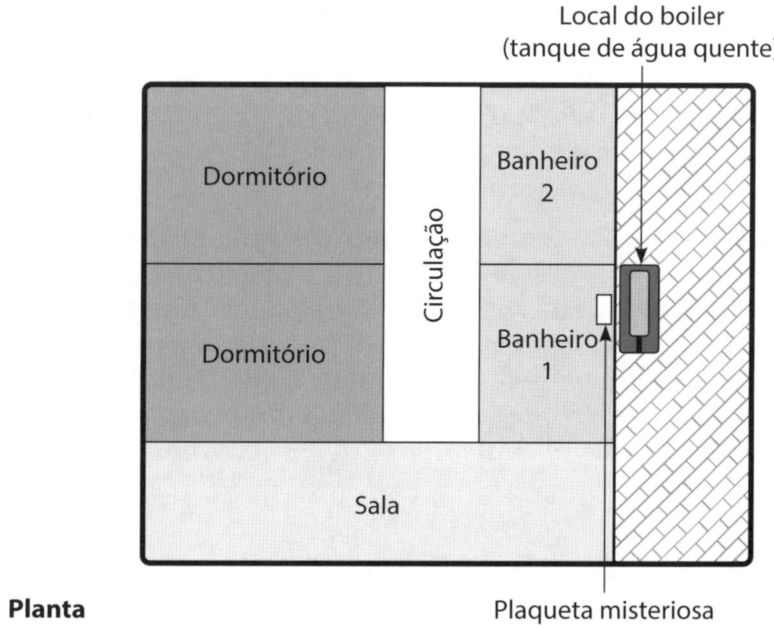

Planta do apartamento do leitor Alberto, de Florianópolis (SC). Indicados estão o boiler (tanque de água quente), em cinza, e a plaqueta misteriosa, em azul.

um boiler [tanque de acumulação de água quente usando aquecimento elétrico], sistema esse intensamente usado por meus dois filhos adolescentes, que, extremamente higiênicos, costumavam se esbaldar em eternamente duradouros e custosos banhos com o vapor produzido pelo boiler.

Tão logo me instalei no apartamento, tive minha atenção voltada para uma plaquetinha metálica, algo como 10 cm × 5 cm, no rodapé de um dos banheiros (banheiro 1), localizado no corredor interno desse meu apartamento. Matutei sobre qual seria sua função e nada descobri. Li então com atenção pela primeira vez o "Manual do Proprietário", que eu recebera da construtora, e nada achei de explicação.

Aproveitei a amizade com dois colegas engenheiros que se diziam especialistas em instalações hidráulicas e, visitando-me nesse apartamento, crivei-os de perguntas sobre essa misteriosa plaquetinha, mas, para minha total surpresa, nada recebi de resposta. O mistério continuava...

Dez anos se passaram e um dia decidi vender o apartamento com a misteriosa plaquetinha. Quem comprou era meu conhecido e decidi entregar o apartamento em perfeito estado. Limpei todo o apartamento e lavei paredes.

Decidi então, pela **primeira vez**, *dar* **descarga de fundo do boiler** *(aquecedor elétrico) que se situava no chamado quarto de empregada e em posição alta. Usei para essa descarga uma válvula existente num ponto baixo do aparelho. Apesar de tantos anos passados e sem uso, a válvula de descarga de fundo do aparelho, pelo ronco produzido, indicou que funcionou.*

Ao fazer então essa última vistoria visual do apartamento, para minha total surpresa, vi que saía da plaquetinha misteriosa um líquido vermelho-amarronzado. Aí o mistério se desfez: a plaquetinha misteriosa, situada no rodapé do banheiro do corredor, era simplesmente o ponto de descarga de fundo da água do boiler, e a cor vermelho-amarronzada era devida aos mais de 10 anos sem nunca ter sido acionada. Mais um mistério de minha vida terminava...

Nota do autor

E você, caro leitor, se tiver um boiler[1] em sua casa ou apartamento, quanto tempo faz que você não aciona a válvula de descarga de fundo dele?

Tomo a liberdade de sugerir que você o faça, pois é um cuidado de segurança.

Curiosidade da Física: o vapor é um gás invisível. O que chamamos erradamente de "vapor" é um encontro desse gás invisível com a umidade do ar.

[1] Aquecedor e tanque de uso de água quente com alimentação elétrica para o aquecimento.

11. Águas pluviais ensinadas, bem ensinadas, quase obedientes. Temos a prova

Parece inacreditável, mas essa história foi-me contada como se verdadeira fosse. É como uma crônica, com a liberdade criativa das crônicas.

Existe um estilo de casa do tipo "normando", que se caracteriza por ter o telhado com muitas águas, ou seja, muitos planos de escoamento hídrico. Essa técnica teve origem na Europa, com o objetivo de evitar o acúmulo de neve, que pode, face ao seu peso, arrebentar os telhados. Para isso, cada plano de descida tem forte declividade. No Brasil, a ocorrência de neve é totalmente esporádica e, portanto, não preocupa, e o uso do telhado normando com muitos planos (ditos águas) se dá exclusivamente como recurso decorativo e visual.

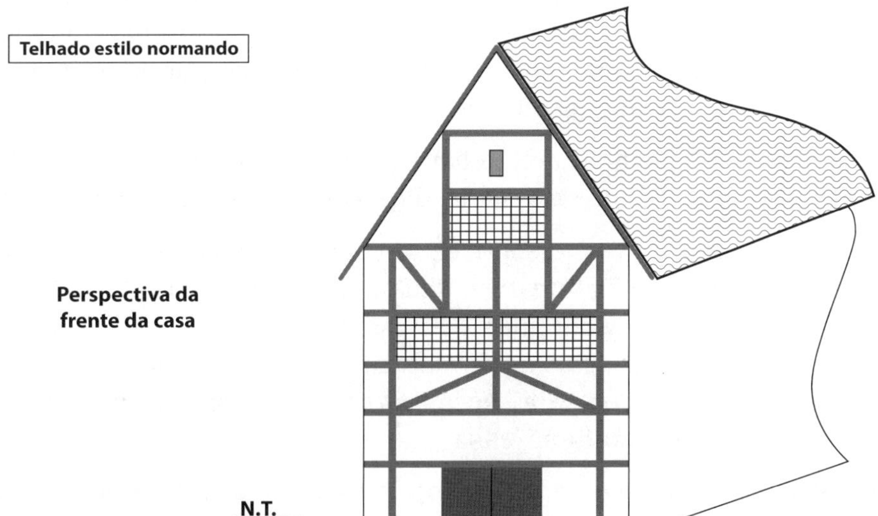

Feita essa retrospectiva histórica, contemos o caso de um belo sobrado, construído nos anos 1930, usando o chamado "telhado normando", com seus inúmeros planos de descida das águas pluviais.

Dizem as más línguas, e eu apenas reconto sem me responsabilizar, que na casa em pauta a chuva, caindo no telhado normando, com tantos planos de descidas, não sabia por onde teria que escoar. Face à balburdia criada, ela, sem orientação, ia para todos os lados e conseguia entrar dentro da casa, com as piores consequências. E o sobrado era de alta classe, muito bem concebido e construído. E nesse sobrado, nos dias de chuva, a água entrava por toda a casa. Era o caos...

Então, alguém teve uma ideia. Se as águas pluviais estavam fazendo tantos danos, a culpa era do fato de elas não saberem por qual plano do telhado normando deveriam escoar. Problema de falta de treinamento e falta de orientação...

E essa pessoa, sem nenhuma formação técnica, ou seja, sem Crea e sem CAU, teve uma ideia genial:

"Vamos pintar setas direcionais em cada plano do telhado normando, resolvendo o fato de as águas terem agora uma orientação por onde se encaminhar." Seriam, explico, setas indicativas, como as de trânsito. Assim, a orientação foi seguida, e as setas, pintadas. Sucesso total, e as águas, já na primeira chuva, começaram obedientemente a escoar, seguindo a orientação das setas pintadas e, portanto, seguindo as declividades dos planos de água. Foi um sucesso, e nunca mais – eu falei nunca mais! – elas se comportaram de forma insubordinada. Feliz com o resultado da pintura das setas de orientação do escoamento das águas, o inventor do sistema, anos depois, entendeu que as águas de chuva já tinham aprendido o caminho certo do escoamento e, como as setas pintadas de branco no telhado enfeiavam parcialmente o belo sobrado, decidiu apagar as setas de orientação. Milagre dos milagres, as águas de chuva tinham realmente aprendido por onde tinham que escoar e, mesmo sem as flechas pintadas, elas continuaram a escoar por onde, **por vontade do dono do prédio**, tinham que correr.

Sei que muitos dos meus leitores acham que sou um pouco exagerado e que essa história jamais aconteceria, ou seja, **seria impossível ensinar águas de chuva**.

Mas eu tenho uma prova indiscutível, tão confiável como a famosa "prova dos nove" na sagrada e austera Matemática. Realmente, as águas de chuva aprenderam a lição, pois eu, ao visitar recentemente a casa de telhado de estilo normando, verifiquei que, mesmo sem as setas de direcionamento, que já tinham sido apagadas pelo tempo, **mesmo hoje em dia, essas águas escoam seguindo o caminho desejado e não entram mais na casa**.

Basta visitar essa casa e claramente se veem os telhados sem as setas, provando essa história aparentemente inacreditável.

Conclusão implacável: as águas de chuva foram ensinadas...

Infelizmente existem pessoas sem fé, que não acreditam em velhas e santas histórias. Para esses descrentes, o destino indica que terminarão seus dias em meio ao fogo e ao enxofre do inferno ☠☣👽... Elas o merecem...

12. Hidrantes prediais: equipamentos de segurança perto de você, mas que você não deve manobrar

A comunicação é algo muito importante e, lamentavelmente, não recebe a importância que as cidades deveriam dar a ela. No campo da comunicação social, então – isto é, a comunicação para muitos e sobre interesses genéricos –, o problema aumenta.

Um dos autores mora em um prédio de apartamentos de classe média. O prédio tem sete andares. Em cada andar existe uma caixa embutida na parede com uma válvula hidráulica e uma mangueira. Sempre imaginei que esse equipamento fosse para ser usado pelos moradores no caso de combate a **um início de incêndio**. A mangueira está sempre não acoplada à válvula.

Eis que um dia ocorre uma reunião condominial com o tema "Providências de combate a incêndios no prédio". Este autor foi assistir à reunião, que contava com no máximo 10% dos representantes dos condôminos do prédio. Comandou a reunião um bombeiro civil, ou seja, um homem ou mulher que fez um curso específico de combate ao início de um incêndio. O bombeiro civil falou exclusivamente sobre o uso de dois extintores químicos portáteis, que também existem em cada andar, e sobre seus usos específicos. Das válvulas hidráulicas e da mangueira, nada, nada, nada. A reunião ia acabando...

Aí, implacavelmente, um dos autores deste texto perguntou:

> *"E quanto ao uso das válvulas hidráulicas e da mangueira que existem em cada andar, incluso o andar da garagem, quando as usamos? Pois o higiênico zelador, seu Quinzinho, as usa pelo menos uma vez por mês para lavar o piso da garagem."*

A minha pergunta pegou mal. A resposta do bombeiro civil foi:

> *"Claro que eu não vou explicar o uso das válvulas hidráulicas e da mangueira, pois isso não está no roteiro de minha palestra, inclusive porque é totalmente proibido aos condôminos usar esses equipamentos."*

Proibido é proibido mesmo, dizia o bombeiro civil, com uma alegria enorme nos olhos e na expressão, e nada disse sobre as razões de tal proibição e sobre quando seriam então usados esses equipamentos. Insisti, e reconheço que sou conhecido por ser chato no prédio.[11] Meio contrariado, o bombeiro civil, com alguma má vontade, explicou:

> *"Só bombeiros oficiais e bombeiros civis podem pôr a mão nesses equipamentos, mesmo porque, em caso de uso desses equipamentos por gente despreparada, a mangueira dá um coice e alguém pode se machucar.*
>
> *Ocorrendo um princípio de incêndio, o certo é:*
>
> - *avisar o Corpo de Bombeiros, por telefone ou pela internet, do começo do incêndio, informar o endereço do imóvel e também o telefone de contato;*
> - *usar os equipamentos químicos portáteis de combate a início de incêndio;*
> - ***quanto às válvulas hidráulicas e à mangueira, nem pensar... Elas são de manuseio proibido por usuários comuns."***

E eu, que morava no prédio havia quase dois anos, nada disso sabia!

Ao visitar socialmente outros prédios de apartamentos, verifiquei que, em alguns casos, a mangueira já estava ligada à válvula. Em outros prédios, a mangueira não estava ligada à válvula de incêndio.

---

[1] Dizem outros condôminos que sou o único condômino que tem a convenção do condomínio do prédio, que a uso só quando me interessa e que não dou cópia para ninguém. Maledicência, sem dúvida...

Todo livro de Engenharia, na matéria que trata do assunto, deveria explicar esses detalhes. O que o leitor acha? Questiúncula sem resposta (muito perguntei e não tive uniformidade de respostas). A mangueira de combate a incêndio existente em cada caixa vermelha deve:

- estar totalmente enrolada; ou
- estar enrolada, uma extremidade conectada com a válvula para facilitar uma mais fácil retirada para uso? O bico (ou esguicho) pode ser conectado (engate rápido) depois de desenrolada a mangueira. Lembrar que a unidade de tempo de combate a incêndio deve ser em **segundos**, e não em minutos, e em nenhum caso em horas.

Continuo sem respostas. E o leitor deste texto, o que me conta disso?

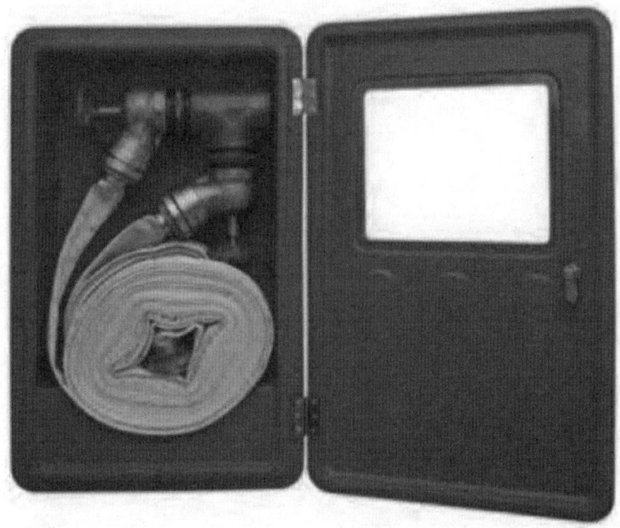

Hidrante predial. A cor vermelha é padrão. Até os anos 1950, só automóveis do corpo de bombeiros podiam usar cor vermelha, para facilitar seu acesso mais rápido em situações de emergência. Quem usa essa mangueira tem que ser um bombeiro!

13. Dupla pressão hidráulica num mesmo ponto. Pode??????

Seja o esquema a seguir que desejamos construir:

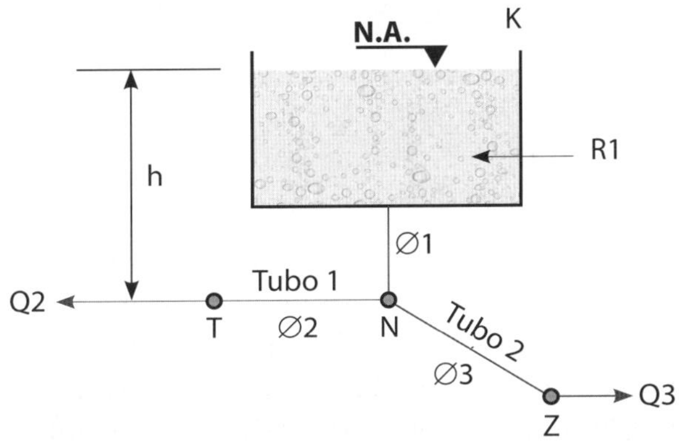

Temos que criar esse sistema para o qual está tudo definido, com exceção dos diâmetros Ø1, Ø2 e Ø3, e podemos, se necessário, usar válvulas de controle de vazão em pontos a escolher. Parece, olhando o esquema, que o ponto N tem duas pressões hidráulicas (???????), uma pressão para atender à linha NT e outra pressão hidráulica para atender à linha NZ.

Seja, a partir do esquema anterior, um esquema real. No ponto N não podem ocorrer – pois a Mãe Natureza não permite – duas pressões hidráulicas ao mesmo tempo. Mas desse ponto N podem sair duas tubulações que, como duas irmãs, podem ter vidas independentes e, às vezes, até conflitantes.

Vamos fazer os cálculos para tentar atender a tudo que foi mostrado. Para criar um sistema real, teremos que fazer ajustes e modificações, pois, do contrário, o sistema será internamente incompatível.

Vamos por etapas:

- **1ª providência:** calculemos a cota hidráulica em N para atender à vazão no tubo 1 (TN).
- **2ª providência:** calculemos a cota hidráulica em N para atender à vazão no tubo 2 (NZ).
- **3ª providência:** se resultarem cotas hidráulicas iguais para o ponto N, o problema está resolvido, pois só haverá uma pressão hidráulica no ponto N. O inaceitável seria haver duas cotas hidráulicas nesse ponto N. E se instalássemos um manômetro (ou o famoso tubo transparente que mede a altura de água, que é a mesma coisa) e, por absurdo, duas pressões existissem no ponto N? Qual das duas pressões o manômetro mediria?????

Digamos que construímos o sistema possível, ou seja, com uma única pressão hidráulica em N, e digamos que com uma pressão h (por hipótese). Aí, as vazões de saída seriam, também por hipótese:

- em T a vazão seria de 12 L/s, e
- em Z a vazão seria de 17 L/s.

As duas vazões são as vazões desejadas (necessárias).

Mas, pelos cálculos, em Z a vazão desejada não é de 9 L/s, e sim de 17 L/s, ou seja, uma vazão maior. Uma ideia seria aumentar (providência complexa) a cota de água do reservatório R-1 (ponto K). Mas se aumentarmos a cota do ponto K, nós iremos aumentar a vazão no ponto T. Digamos, porém, que estamos numa situação de escassez de água e, com isso, estamos enviando para T uma vazão desnecessária, ou seja, um desperdício. Uma solução seria, nesse caso de aumento da altura de água em K, instalar no ponto T uma válvula reguladora de vazão tipo gaveta.[1]

Agora, face à válvula no tubo 1, a vazão será de 12 L/s e, face ao aumento de pressão em K, será de 17 L/s:

- o ponto N terá uma só pressão; e
- nos pontos T e Z sairão as vazões desejadas (12 L/s e 17 L/s).

[1] É sempre algo criticável usar válvula de gaveta como reguladora de vazão, pois, pelas suas características construtivas, ela não faz bem essa função, mas aceitemos essa solução. A função essencial das válvulas de gaveta é para fechamento total ou abertura total, chamadas na língua inglesa de válvulas *on-off*, ou seja, "tudo ou nada".

Caso real e já vivido por todos nós. Em prédios de apartamentos ou de escritórios, existem dezenas e dezenas de pontos de uso de água com cotas altimétricas (pressões hidráulicas) diferentes e com demandas de vazão diferentes, e todos os pontos estão ligados ao reservatório superior, com uma única cota de água. E em cada ponto sai uma vazão ou sai zero de água. Temos então um caso como o exposto aqui. Quem resolve a conciliação dos funcionamentos díspares? As torneiras (um tipo de válvula) em cada ponto de saída de água.

Agora, um alerta:

A equação de dimensionamento hidráulico de Hazen-Williams (Anexo 1), assim como outras equações da engenharia e arquitetura, resulta de dados obtidos em laboratórios de Hidráulica,[2] medidas e valores em sistemas, no uso,[3] e em conceitos teóricos. Na prática, conseguimos construir esse sistema, e as vazões que resultarão serão próximas, ou algo próximas, desses valores. Valores exatos só existem na Matemática. Na tecnologia, como a engenharia e/ou na arquitetura, procuramos soluções práticas próximas do desejado. Obedecendo a esses princípios, vamos resolver a questão.

[2] Na Universidade de São Paulo, em sua cidade universitária, existe um modelar Laboratório de Hidráulica, fundado por um professor que deu para essa construção e sua operação todos os seus esforços intelectuais e até físicos. O autor MHC Botelho teve aula de Obras Hidráulicas com ele e visitou várias obras construídas a partir dos dados obtidos de modelos hidráulicos reduzidos, construídos nesse laboratório. Seu nome: Professor Engenheiro Carlito Pimenta.

[3] A famosa fórmula de arquitetura para escadas, de autoria do arquiteto Blondel, resultou muito provavelmente da observação de uso de pessoas. Daí ela nasceu e se consagrou pelo mundo. As dimensões de portas e a altura de assentos de cadeiras são outros exemplos de obtenção de dados provenientes da observação do uso. São os chamados dados empíricos!

14. A necessidade de diminuir a pressão hidráulica e, às vezes, a necessidade de aumentar a pressão hidráulica, em um prédio de apartamentos

Há casos em que desejamos aumentar as pressões hidráulicas e há casos em que desejamos diminuir as pressões hidráulicas. Cada caso é um caso. Vamos entendê-los.

1. Caso de redução de pressão

   Em prédios de apartamentos e também em prédios de escritórios, se esses prédios forem muito altos (mais de doze andares, por exemplo), a pressão hidráulica nas torneiras fechadas dos andares mais baixos é muito alta e, se forem abertas, a velocidade de saída das águas é muito grande, dando um desprazer para quem as manipula. Morei num prédio desses, que não tinha nenhum dispositivo de quebra-pressão (como uma válvula específica de quebra-pressão). Quando se abria a torneira do tanque, nesses apartamentos de andar baixo, esborrifava água para todos os lados. Ou seja, a pressão no ponto quando a torneira estava fechada era alta e, com a abertura da torneira, a pressão virava vazão com alta velocidade e esborrifava água. O problema era contornado com a abertura controlada da torneira.

Duas soluções podem ser pensadas para evitar esse problema, quando do projeto e planejamento do prédio:

- uso de válvula de quebra-pressão, atendendo aos andares mais baixos, válvula essa costumeiramente instalada na garagem do prédio;
- criação de uma caixa de água num andar intermediário, instalada numa área comum, existente em todos os andares do prédio. Essa caixa de água num andar intermediário recebe água dos andares mais altos e as distribui exclusivamente para unidades dois ou três andares mais baixos (ver desenho a seguir).

2. Caso de aumento de pressão

   Num prédio, de apartamentos ou de escritórios, as válvulas do sistema de combate a incêndios do andar mais alto recebiam pressão da caixa de água existente na laje mais alta do prédio. Face a isso, a pressão nos hidrantes desse andar mais alto era diminuta e, no caso de combate a incêndio, a vazão de saída desses hidrantes seria reduzida.

   O Corpo de Bombeiros orientou o prédio a instalar bombas hidráulicas que mantinham, então, os hidrantes dos andares mais altos submetidos a uma pressão maior. Então, no caso de uso desses hidrantes, sairia mais água e com velocidades maiores.

Nota cultural

Em alguns estados do Brasil, o Corpo de Bombeiros faz parte da Polícia Militar. Essa é a tendência histórica. Em outros estados, os bombeiros fazem parte de um órgão específico, sem ligação com a Polícia Militar. São os chamados "bombeiros militares". No Rio de Janeiro é assim. O chamado "**bombeiro civil**" não pertence a nenhuma dessas organizações. O bombeiro civil é uma pessoa que fez curso e se especializou em dar assessoria a grandes prédios e grandes instalações comerciais ou industriais. É semelhante aos eletricistas. Há muitas mulheres nessa profissão de bombeiro civil, e devemos chamá-las de "**bombeiras civis**".

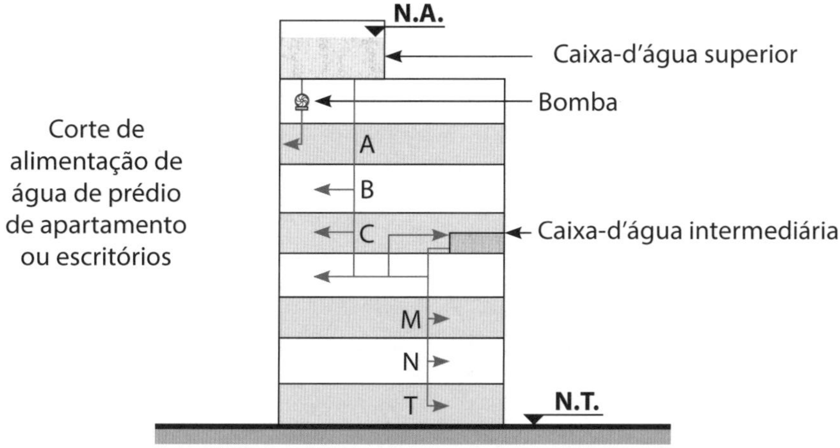

Corte

Nota

Apesar de este texto ser de Hidráulica, como é dirigido a jovens profissionais, temos de aproveitar a oportunidade para transmitir conhecimentos muito úteis de qualquer área. O Corpo de Bombeiros, ao fazer a já mencionada inspeção no prédio, fez mais duas críticas, exigindo suas correções. Foram elas:

- a escadaria principal do prédio tinha uma largura muito grande e era necessário colocar um corrimão adicional, na média largura, aos dois corrimãos situados nas extremidades das larguras;
- a rota de fuga (circulação principal do prédio) tinha piso de plástico, ou seja, inflamável. Foi exigida, e cumprida, a troca de piso por algo que não se tornasse um combustível. Os materiais recomendados foram, por exemplo, concreto, pedra, piso cerâmico etc.

15. Dois métodos de medida da pressão hidráulica, usando um manômetro ou usando um tubinho transparente. Vantagens e desvantagens de cada um deles

Todos nós sabemos da importância do conhecimento da pressão hidráulica, seja nas instalações prediais, seja em outros circuitos hidráulicos. Vejamos os dois métodos mais comuns para essa medida: o uso do manômetro ou o uso do tubinho plástico.

Nota

Os resultados das medidas dos dois métodos são iguais, ou quase iguais.

Uso do manômetro

Esse aparelho mede a pressão hidráulica em um ponto de um sistema hidráulico. Essa pressão hidráulica sensibiliza um aparelho, normalmente manual, ou seja, de pequeno porte, pela deformação de uma pequena mola interna ao aparelho. Correlaciona-se a deformação da mola com a pressão hidráulica (calibragem). O manômetro mais comum cabe na mão do usuário.

Manômetro básico

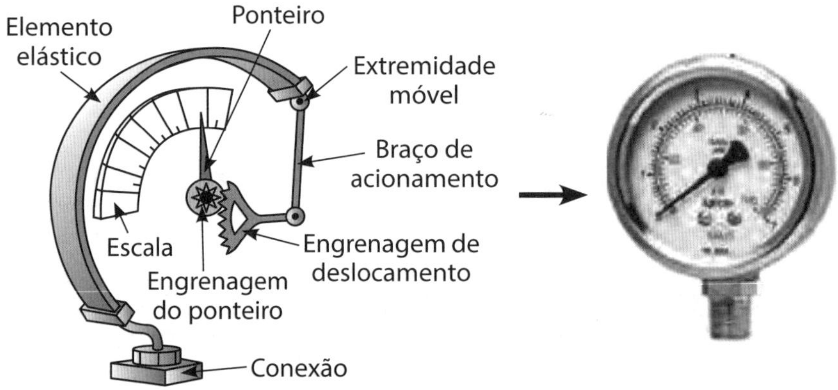

Mecanismo báscio de manômetro. A patente original deste medidor data de 1852, tendo sido registrada por Eugene Bourdon

Uso de um tubinho transparente

É um tubinho transparente ligado num ponto de um sistema hidráulico para medir a pressão hidráulica nesse ponto.

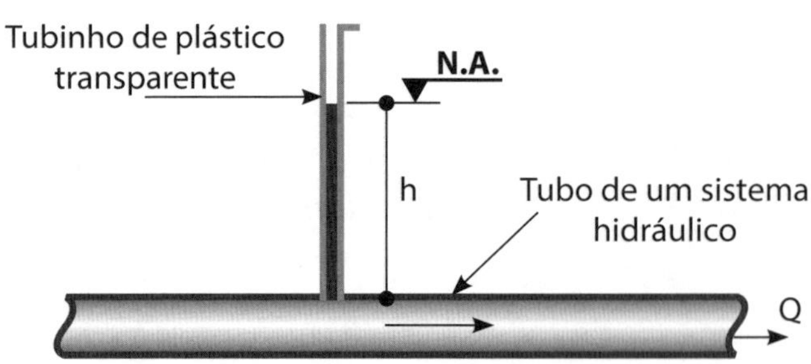

Na escala adequada dá o mesmo resultado do sistema mecânico. O problema são as altas pressões: o tubinho terá que ser muito comprido!

Corte

O grande problema da medida de pressão hidráulica usando um tubinho plástico transparente é que, nos casos em que a pressão hidráulica é alta (digamos, 10 mca ou muito mais), é difícil, ou quase impossível, empregar um tubo com grande altura.

Imaginemos então a altura de 20 mca de água. Esse é o grande problema do uso do tubinho transparente.

E qual o problema do uso do manômetro? É que a mola, depois de vários usos, se deforma e perde sensibilidade de leitura, ou seja, precisa ser recalibrada, aliás, como todas as balanças e dispositivos mecânicos de medida usados no mercado.

Mas o tamanho reduzido do manômetro torna seu uso extremamente conveniente e comum. Os livros de engenharia só falam dos tubinhos transparentes para mostrar conceitualmente a medida da pressão hidráulica.

Desenho do passado

O desenho a seguir mostra a medição da pressão de água de um sistema público de distribuição usando um tubinho. Algo nada prático, mas, na época, não existiam equipamentos para isso, e então a solução era usar a criatividade. Dizem os filósofos que "a necessidade é a mãe da criatividade".

Nota

14 mca = 14 metros medidos na coluna d'água.

16. "Numa instalação hidráulica predial pode acontecer pressão negativa na tubulação?????"

Pergunta do leitor Lucas, de Goiânia (GO). Duas respostas. O leitor escolhe a melhor delas:

a. **Nunca, nunca e nunca.**

b. **Às vezes sim, e tome cuidado para que ela não aconteça, pois é altamente indesejável.**

Ou, então:

O caso da falsa e ilusória (!!!!!!) pressão negativa nas instalações hidráulicas prediais e a analogia com o restaurante francês de altíssimo nível; um caso real (agora sim) da pressão negativa

Esta crônica foi escrita para atender a uma consulta do leitor Lucas, do meu livro *Instalações hidráulicas prediais*. Esse leitor, ao projetar um sistema hidráulico predial, concluiu pela existência da pressão negativa na saída de água num ponto da rede, fato esse impossível. Para explicar isso escrevi esta crônica, cuja reprodução libero aos professores dessa matéria para os alunos, se gostarem deste texto.

Contemos uma historieta

Você vai a Paris (bem acompanhado, eu espero e desejo) e quer ir a um dos mais famosos restaurantes, caríssimo! O nome do restaurante é **La Promenade de Biarritz**, *que recomendo. Você vai lá degustar o* **crème Suzette aux champignons**, *especialidade da casa. Atenção, nesse restaurante tem que marcar hora, lá só se fala francês e se detesta, tolerando porém, a língua inglesa, mas o uso do português e do espanhol é inimaginável, pois incompreensíveis. Por preconceito, o pessoal desse restaurante acha que a Europa termina nos Pirineus, quando na verdade termina no Tejo, em Portugal, terra de origem histórica dos autores deste texto...*

Só que você esqueceu de levar dinheiro em alta quantidade e esqueceu seu cartão de crédito. Depois de jantar e tomar o vinho **Davignon de la Escarpe**, *rótulo preto, reserva especial, rótulo 4.572-63 reserva de 2009 (a melhor e mais cara), ao pagar, ou melhor, tentar pagar, você descobre que só tem disponível em dinheiro 30% do valor da conta, o preço mais 20% de serviço, que é o que se cobra em restaurantes de fino trato (como você seguramente deve saber e pagar).*

Desesperado, você avisa o ***maître*** da situação. Você consumiu o que não tinha condição de pagar.

O restaurante, com toda a classe francesa (***finesse***), chama ***la policie*** e manda você lavar pratos e ficar preso por uns dois dias, por perturbar um restaurante tão sofisticado.

O que se aprende dessa história?

Antes de entrar em um restaurante, veja quanto dinheiro você tem.

Se tiver **muito dinheiro**, *pode ir ao La Promenade de Biarritz, pois a comida e o vinho são excepcionais, como vimos.*

Se você tiver algo como **pouco dinheiro** *e estando em Paris, lá existe uma rede de restaurantes-padrão de nome Le Restaurant*

Blanche (eu diria que são até bonzinhos). Peça o **prato do dia** *e tome uma ou no máximo duas cervejas, cervejas comuns, pois as artesanais são bem mais caras...*

E se você tiver **muito pouco dinheiro**, *recomendo em Paris ir, a contragosto, a uma das centenas de lanchonetes MX*[1] *e pedir um "hambúrguer" e um copo de refrigerante.*

Se atender a essas regras, você comerá, viverá bem e sem problemas.

Voltemos à Mãe Hidráulica e ao caso específico da hidráulica predial.

Como vimos, a primeira providência para interpretar o funcionamento do sistema de água é ver quanto se tem de pressão (altura de água). Na hidráulica predial, substituindo o dinheiro, temos a altura de água (**H**), que dá pressão. A vazão de água (**Q**) é a comida. Vazões pequenas são as comidas baratas. Vazões grandes são as comidas mais caras.

Com a altura de água do reservatório conhecida, podemos verificar as pressões de alimentação com o sistema estático (sem saída de água). Você tem os pontos de saída de água e as vazões desejáveis – eu falei desejáveis. Mas você pode estar exigindo do sistema a saída, nos vários pontos, de vazões impossíveis, Q1, Q2 e Q3 (vazões acima do que a natureza vai fazer funcionar). Você está comendo caro e não vai ter dinheiro para pagar. O sistema hidráulico não funcionará como você deseja, ou seja, as vazões que ocorrerão nesse caso, Q1, Q2 e Q3, serão menores do que você deseja.

Mas, se você quer mesmo alimentar os pontos com as vazões desejadas, cabe elevar o nível de água do reservatório, ou seja, subir o nível de água de alimentação dentro do reservatório (aumentar a pressão). Se não for possível subir o reservatório, você pode colocar uma bomba hidráulica. Nos postos de gasolina que lavam carros, o nível de água do reservatório é baixo e, em alguns casos, o nível de água está abaixo do nível de uso (reservatório enterrado). Uma bomba resolve o problema, gerando um sistema com alta velocidade da água, que alguns dizem, erradamente, com alta pressão, pois a água, quando sai da mangueira, na atmosfera, tem pressão nula (pressão atmosférica) e, graças à bomba, alta velocidade...

No caso do restaurante, admita agora, é a situação de você desejar levar uma linda "**gata**" (ou "**gato**") para conquistá-la(o)! (♥)

[1] Protesto do autor: o nome da rede de restaurantes rápidos foi censurado, mas o leitor, se bem que frequentador habitual do La Promenade de Biarritz, talvez tenha ouvido falar dessa rede comercial de restaurantes para o povão.

Como você **não tem dinheiro** e fica feio, muito feio mesmo (convenhamos), levar uma **conquista**, no primeiro encontro, para comer na rede MX, você pega dinheiro emprestado num banco (é a bomba hidráulica) e faz o que você quer, ou seja, vai ao La Promenade de Biarritz. Mas, por favor, peça o suficiente para pagar o caro restaurante e o programa delicioso consequente...

Assim, no seu caso de hidráulica predial:

- você tem **n** pontos a alimentar com **m** altitudes e **z** vazões (uma por ponto, **Q1, Q2 e Q3**);
- isso é um desejo, apenas um desejo, lembremos;
- você calcula as perdas de cargas da alimentação e chega ao valor da cota (pressão necessária, que deve ser, no mínimo, a cota de água do reservatório de alimentação).

Então:

1. se a cota de água do reservatório de alimentação estiver abaixo da cota necessária, **a vazão que vai sair em cada ponto é menor que a que você deseja**, mas não ocorrerá a falsa pressão negativa;
2. se a cota de água do reservatório for rigorosamente igual à que você calculou, e se as velhas fórmulas da hidráulica de perdas de carga funcionarem, então **sairá em cada ponto aproximadamente a vazão estimada** (a água sai com velocidade e nunca com pressão, repito e enfatizo);
3. se a cota de água do reservatório for acima da calculada (necessária), então irá sair em cada ponto **uma vazão maior que a projetada**, e recomenda-se, nesse caso, para evitar o desperdício do líquido, a colocação de uma torneira que permita, de alguma forma, a introdução de uma perda de carga (torneira meio aberta). Consequentemente, sairá, administrando a torneira mais ou menos aberta, a vazão que você quer. Em prédios altos, pode acontecer esse exagero de pressão, com a saída de água com alta velocidade (nunca alta pressão) nos apartamentos mais baixos. Como **Q = S × V**, sairá muita água nas torneiras dessas unidades mais baixas, gerando um desperdício. Controla-se o excesso de vazão com:

   i. o uso já citado da torneira que reduz a área hidráulica S; ou

   ii. a criação de um reservatório intermediário de quebra-pressão; ou

   iii. a instalação de uma válvula redutora de pressão.

Espero ter sido claro.

Nota de fim de crônica

Na Hidráulica (portanto, na hidráulica predial também), ocorre (ou pode ocorrer) **um tipo de pressão negativa, altamente indesejável**. Imaginemos um prédio de apartamentos em que cada banheiro ainda tenha o famoso e terrível bidê, com alimentação de água por baixo. Admita que o bidê esteja sendo usado para suas funções higiênicas e está existindo, portanto, dentro do bidê, água usada acumulada. Nesse momento, quebra a bomba de alimentação ao reservatório elevado, e a água acaba, daí a uns minutos, nesse reservatório elevado. A coluna de água do prédio tem água, mas não há a entrada de nova água. Nesse momento, um apartamento de andar bem baixo abre a torneira. O nível de água da coluna do prédio vai baixando e chegando ao nível do apartamento com bidê. Como este tem bidê **erradamente com alimentação hidráulica por baixo**, a água suja do bidê será succionada pelo seu tubo de alimentação (inverte-se o fluxo), e essa água usada entrará no sistema predial, contaminando-o. Isso é lamentável, pois os andares de baixo receberão água contaminada com sujeiras. É a terrível "***cross conection***" (conexão cruzada, em inglês). Bidês do tipo com alimentação de água por baixo, gerando essa situação, são hoje proibidos, mas ainda existem milhares nos prédios mais antigos. Aí aconteceu uma **pressão negativa**, real e perigosa do ponto de vista sanitário.

Caro leitor Lucas, de terras goianas, concluímos então que:

- existe pressão negativa nas instalações hidráulicas prediais, mas diferente daquela à qual você se referiu;
- a Hidráulica não lê memórias de cálculo. As teorias hidráulicas procuram apenas interpretar, antever, o funcionamento da natureza;
- bidês e outros aparelhos de água potável têm que ter a água chegando por cima e nunca por baixo, para evitar eventual sucção.

Espero ter esclarecido sua dúvida. ☺

MHC Botelho

17. Crônica "O inacreditável caso da concessão do sistema de esgotos da cidade de Goiânia (GO)"

Há casos de que nós tomamos conhecimento e que, pelo aspecto surpreendente, nos fazem pensar que não são verdadeiros. Fazemos até força para esquecer deles, e a questão da veracidade deixa de ser importante. Comecemos inicialmente falando de um engenheiro muito conhecido, mas hoje saudoso, o Eng. Archimedes de Barros Pimentel, formado no primeiro ano da década de 1930 (ou seja, 1931) pela Escola Politécnica da Universidade de São Paulo e construtor de inúmeros prédios na cidade de São Paulo e no Brasil. Ainda hoje, esses prédios de escritório estão em funcionamento, ostentando, na sua entrada, uma placa de bronze com o nome do construtor, o Eng. Archimedes.

Dono de uma construtora, ainda na década de 1940, o colega Archimedes tinha obras em todo o Brasil. Para atendê-las, comprou um avião executivo. Nos anos 1940, um engenheiro ter um avião particular era fato absolutamente inacreditável.

Excelente engenheiro, ele primava pelo bom gosto e pela beleza de seus prédios. Houve um ano em que a Prefeitura de São Paulo fez um concurso para escolher o mais belo prédio construído no ano anterior, e ganhou um prédio do Eng. Archimedes que existe até hoje, na avenida Cásper Líbero, e que é realmente belo pela sinuosidade de suas linhas. Quem criou o prêmio foi o famoso engenheiro Francisco Prestes Maia, então prefeito de São Paulo. Lamentavelmente, o Eng. Archimedes não teve oportunidade de me dar o nome do arquiteto que projetou tão belo prédio.

O Eng. Archimedes, lamentavelmente, já não está entre nós.

Estamos agora nos anos 1930-1940. A capital de Goiás é, então, a cidade de Goiás Velho, cidade antiga com ruas estreitas e casario muito antigo. O governo do interventor federal Pedro Ludovico, querendo modernizar sua administração, decide melhorar a capital, mas não modernizando Goiás Velho, cidade colonial histórica, e sim construindo uma nova cidade, totalmente moderna. Assim nasceu Goiânia. Escolhido o local, faz-se o planejamento urbanístico e vai começar a construção da cidade.

Aí acontece um caso extraordinário e não usual. Reconheceram as entidades criadoras da nova capital que não tinham experiência no assunto "sistema de esgoto" pois, até então, só grandes cidades, capitais, tinham algo como sistemas de esgotos (e sempre deficientes). Face a isso, tiveram a ideia de fazer a mesma coisa que tinha sido feita com a construção de várias estradas de ferro brasileiras. Elas foram construídas por concessão, usando-se firmas brasileiras (por exemplo, a Cia. Paulista) e inglesa (ligando Santos a Jundiaí). Para essas obras, as firmas concessionárias entravam com o capital e a tecnologia, sem dinheiro do governo, e viviam com o recebimento de tarifas dos usuários da obra pronta e em funcionamento. Não dá para acreditar...

Assim se fez em Goiânia. Foi feita uma concorrência para verificar que construtora poderia construir e operar o sistema de esgoto da cidade, sem recursos públicos, e vivendo exclusivamente do futuro recebimento da tarifa de esgotos. Ganhou a concorrência a firma Melhoramentos de Goiânia, uma filial da construtora do Eng. Archimedes.

E a rede de esgotos começou a ser construída, mas com planejamento, ou seja, ao definir o trecho da cidade que seria urbanizado já se construía a rede de esgotos, portanto, sem a necessidade de ter que vir a quebrar e reparar pavimentos. E, construída a rede, já se começava a cobrar a tarifa de esgoto, mesmo se o lote não fosse imediatamente edificado. É, a iniciativa privada é implacável. O contrato estabelecido com a urbanizadora estatal teve como advogado da construtora o mais famoso advogado paulista de então, Abrão Ribeiro. Esse contrato, altamente realista e cauteloso, protegia a construtora de problemas urbanísticos, como obras sem retorno tarifário. Se não fosse assim, o concessionário quebraria.

Com recursos próprios e um eventual empréstimo bancário, conforme a cidade ia crescendo e ocupando novas áreas, lá já estava funcionando e cobrando tarifas a Melhoramentos de Goiânia. Implacável na cobrança, como tinha de ser.

No seu apogeu (anos 1940-1950), Goiânia tinha (senhores leitores, por favor, acreditem) um sistema de esgotos único em todo o Brasil, que:

- atendia a quase 100% das ruas e, portanto, a quase 100% das edificações,
- enviava todo o esgoto, via um emissário, para estações de tratamento em nível secundário, com tanque Imhoff e filtro biológico, o então famoso Sistema OMS (Otto Mohr System).

Como toda boa engenharia, não se brincava com custos. Tampões de ferro fundido de acesso a poços de visita da rede de esgoto eram, na época, muito caros. Eles não foram usados. Para a solução, foram utilizados tampões de concreto armado com fabricação direta na obra. Lembremos que nos anos 1930-1940 o trânsito de veículos motorizados era muito pequeno, e o uso do tampão de concreto armado era aceitável e até recomendável, pois não gerava atração para roubos.

A firma Melhoramentos de Goiânia ia muito bem e foi transformada, talvez para obter capital, sem custo de empréstimos, em sociedade anônima com cotação na Bolsa de Valores. Era comum que viúvas recentes, sem experiência em negócios, empregassem suas economias em ações dessa companhia. A companhia tinha respeitabilidade.

Mas o tempo passou e se findou o prazo da Melhoramentos de Goiânia ser proprietária (concessionária) do sistema de esgotos da cidade. Tudo teria que ser entregue, sem custo, à Prefeitura de Goiânia. Aí também aconteceu o fenômeno da explosão demográfica, com aumento gigantesco da urbanização. A chegada da estrada de ferro também fez explodir a cidade. O sistema público não tinha (e em geral não tem) recursos, flexibilidade e a implacável visão empresarial para atender a esse crescimento da cidade. A Melhoramentos de Goiânia se retirou de Goiânia e, como esse era o seu único grande contrato, fechou as portas.

Todos nós admirávamos o Eng. Archimedes, que só tinha um defeito. Ele, apesar de empresário de sucesso na construção civil, era algo tímido em termos de publicidade de suas obras. A história do exemplar sistema de esgoto de Goiânia foi-me contada por ele no Instituto de Engenharia (IE) em São Paulo, e eu prometi que um dia contaria a terceiros, pois uma experiência real como essa e com tudo o que ela nos ensina não poderia ficar desconhecida e implacavelmente esquecida com o tempo.

Espero que o Eng. Archimedes, esteja ele onde estiver (e ele deve estar num bom lugar), fique satisfeito com o que estou contando. Acredite quem quiser. Tudo isso aconteceu no Brasil!

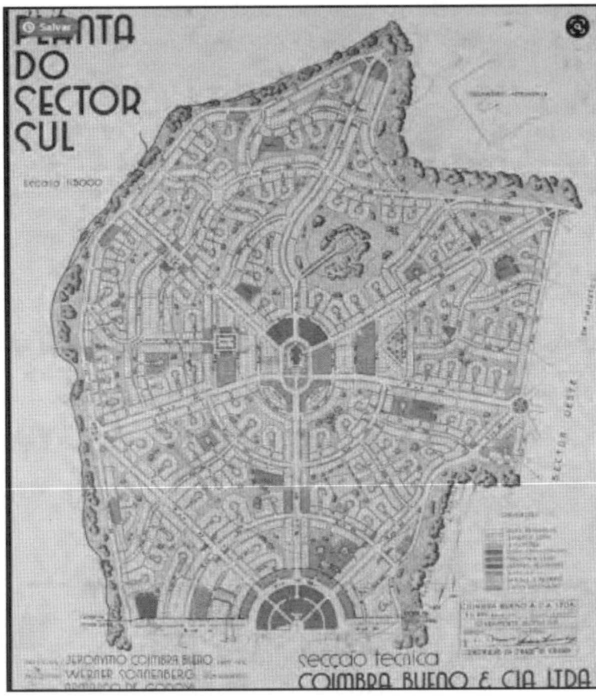

Planta parcial da época da construção da cidade de Goiânia.

Vista geral da cidade de Goiânia nos dias atuais.

18. Briga condominial sobre instalações hidráulicas prediais

Veja a história e como foi corretamente resolvida depois de muita briga no condomínio. Nossa história se passa em um prédio de apartamentos em condomínio, com reservatório enterrado (inferior) e reservatório superior, alimentado pela água bombeada do reservatório enterrado. Numa reunião de condomínio, o síndico, que era meio grosso, avisou, para alegria dos poucos presentes (como é a rotina) na assembleia do prédio:

> *"A água da rua está chegando no reservatório enterrado com muita, muita pressão. Vamos ecologicamente ligar a tubulação da rua a uma nova tubulação que levará a água com pressão até o reservatório superior. A solução é muito econômica, pois economizará energia elétrica e manutenção de motores e bombas. Vamos usar nessa nova tubulação uma de diâmetro fino (?), pois, assim, a pressão será maior, e sem problemas a água da rua chegará ao reservatório superior. Seu Chiquinho, o encanador do bairro, disse-me que com um tubo de ferro galvanizado de ½" tudo se resolve. Peço que esta assembleia aprove o orçamento de R$ 8.700 para essa obra, incluindo material e mão de obra."*

Só que havia na assembleia um jovem engenheiro, condômino do prédio fazia dois meses e que não gostava do síndico, pelo fato de o síndico ser grosso.[1] Argumentou, para surpresa geral:

> *"A água que chega ao prédio vinda da rede da rua não chega ao reservatório inferior com pressão. Isso é uma bobagem da feia,*

[1] Opinião do jovem engenheiro, que este texto simplesmente transcreve.

uma heresia. A água chega com muita velocidade, que é um outro conceito. A ideia de ligar a água que chega com velocidade a uma nova tubulação é potencialmente correta, mas o tubo de subida não deve ser de limitado diâmetro, pois, quanto menor for o diâmetro, menos vazão subirá. Logo, a proposta do síndico está errada, e proponho que sigam a minha alternativa técnica."

A assembleia pegou fogo e seguiu a orientação do engenheiro, que, como bom profissional que era, inicialmente, com um manômetro mediu a pressão com a entrada de água fechada. Se o manômetro desse uma pressão menor que a altura do reservatório superior, então nada poderia ser feito, pois a água da rede pública não chegaria ao reservatório superior. Se a pressão fosse maior que a altura da caixa de água, então a água chegaria, e quanto maior fosse o diâmetro da tubulação de alimentação, mais vazão de água da rua chegaria. Usemos como sistema de medida de pressões um tubo de 1" de diâmetro ou um manômetro. A solução foi adotada, e o síndico tomou a única decisão que se impunha: pediu demissão do cargo.

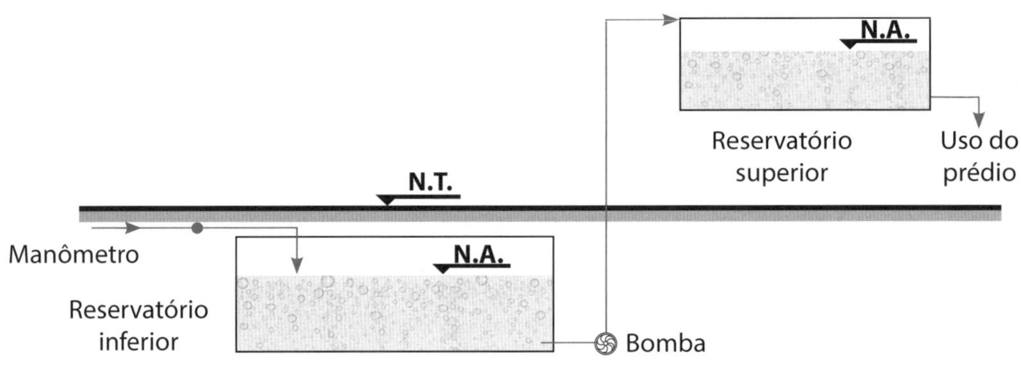

19. Itens de segurança em banheiros, em apartamentos e em residências em geral

Três histórias inspiradas em perguntas e depoimentos do leitor Jorge, estudante de tecnologia de São Luís (MA).

Caso 1. Instalações em banheiros. O caso Romeu e Julieta

Moro num apartamento de classe média, num bairro de classe média. Meu apartamento tem um total de dez portas, somando as internas com as externas. Nas dez portas, o acionamento abre/fecha usa eixos de seção transversal quadrada. Esses eixos têm nas suas extremidades maçanetas, e essas maçanetas, dependendo de quem as monta, sempre têm dispositivo de penetração, chamado de tipo **Romeu**, e na outra extremidade a maçaneta recebe o eixo que a penetra, por isso chamada de **Julieta**. É altamente recomendável que nos banheiros ou em outros locais internos (quartos) a maçaneta tipo Romeu fique interna e o local externo fique com a maçaneta tipo Julieta. Por quê? É que a montagem da maçaneta do tipo Julieta usa um preguinho de fixação, que se rompe com o passar do tempo. Se o usuário da dependência está do lado de dentro, e se por azar ficar com a maçaneta Julieta, e do outro lado da porta caiu a peça Romeu, ele terá dificuldade de abrir a porta. Mas, se o usuário interno ficar com a maçaneta Romeu, ele conseguirá girar a maçaneta sem nenhum problema e abrir a porta, saindo do cômodo. Verifique você mesmo.

Caso 2. A maçaneta dura

Comprei um apartamento novinho e fui lá morar. Na primeira semana, descobri um problema na porta da cozinha que dá acesso à área de serviço do prédio, onde está a escada geral. Deixei, então, meu filhote com a empregada tomando conta, pois minha esposa também trabalhava fora, e saí. A empregada saiu depois por essa porta da cozinha com acesso ao *hall* de serviço e foi colocar o lixo na área comum para o recolhimento por funcionário do prédio. Bastou a empregada chegar até a área de serviço que o vento soprou e a porta da cozinha bateu e fechou. A coitada da empregada tentou abrir manualmente a porta, acionando a maçaneta, mas essa era do tipo **maçaneta dura**, ou seja, só abre por dentro e não abre por fora. Assim, a empregada não conseguiu voltar e entrar na cozinha para dar assistência e guarda ao meu filhote, de nome Mauricio. E a empregada não tinha a chave da entrada pela chamada área social. Ela ficou solitária na área comum do prédio. Felizmente, nada aconteceu até eu chegar, entrar pela parte da frente do apartamento e abrir a porta da cozinha com **maçaneta mole por dentro**, para a empregada poder entrar e dar assistência ao filhote. Sabedor do acontecido, troquei a fechadura dura do lado externo de acesso à cozinha por uma fechadura acionável (mole). Com isso, sempre havia acesso ao apartamento via *hall* de serviço.

Caso 3. A famosa maçaneta "escangalha-mão"

Existe uma maçaneta de formato circular muito interessante (????), pois ela pode machucar a mão. É que o tamanho da bola da maçaneta é muito grande e, quando se abre a porta dotada desse tipo de maçaneta, a mão se choca com a batente, o que pode causar um choque ortopédico, machucando a pele da mão, às vezes até com leve sangramento.

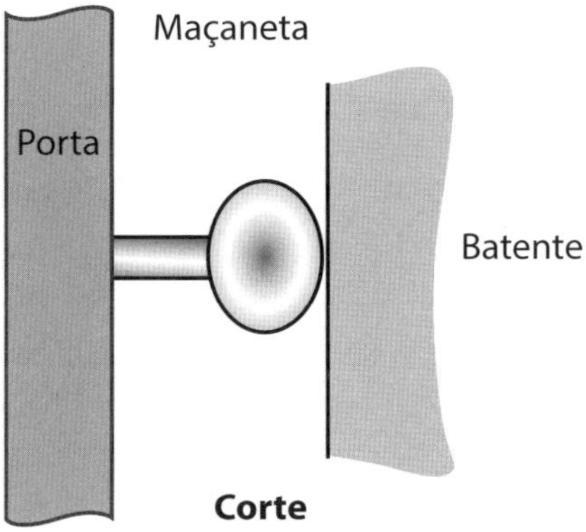

Maçaneta "escangalha-mão".

Fica o aprendido.

Se na sua casa está instalada numa porta essa "maçaneta escangalha-mão", troque-a.

Comentários do leitor Jorge (MA), ao receber as respostas às suas perguntas

1. Prof. Botelho: até o presente momento não tinha conhecimento da fechadura tipo "Romeu e Julieta". Gostei desta sua colocação.
2. Foi muito bom compartilhar esta sua experiência pessoal, que me fez lembrar que, na infância, quando passei a morar no apartamento de minha tia, estava eu do lado de fora tentando abrir a porta, que estava trancada. Era a "maçaneta dura".

Nota do leitor Jorge

Prof. Botelho,

Maravilhoso manter este vínculo de amizade com o senhor, via correspondência eletrônica. Nos remete a experiências já vividas, e assim podemos ter uma visão de futuro, aperfeiçoá-las ao longo do tempo, gerando novos conhecimentos.

20. O mistério da válvula VD-3. História nunca contada

Faz mais de dez anos que esta história aconteceu e por isso sinto-me livre do preceito ético de não relatar histórias de clientes, mesmo porque os fatos serão contados de forma a disfarçar nomes de pessoas ou entidades.

Fui contratado por uma firma de consultoria de projetos para fazer parte de um "conselho de coordenação" (chamando de ***management board*** fica mais importante, vocês não acham?) para o projeto de uma elevatória de água tratada que iria atender a uma grande cidade. O empreendimento era estratégico pois iria substituir uma velha estação elevatória que, por problemas mecânicos estruturais, estava para entrar em colapso a qualquer momento. Por essa nova elevatória iria passar cerca de 80% da água tratada que abastecia a cidade. Por tudo isso vejam as responsabilidades profissionais e até sociais do empreendimento. A firma de projetos era venezuelana e o projeto, para a Colômbia ou o Equador – esse detalhe juro que não lembro bem.

A firma de projetos, minha cliente, fora contratada tão somente para executar o projeto executivo dessa grande elevatória. Existia um projeto básico feito anteriormente por uma outra firma de projetos. Os enormes conjuntos elevatórios de água foram comprados após a execução do projeto básico e suas características eram algo diferentes (?) do previsto no projeto básico.

O escopo de nossa firma de projetos era claro: projetar as obras civis, nas quais se incluía a parte de fundações e concreto armado, além de "tudo o mais que fosse necessário" (?). Assim dizia o edital e era repetido no contrato.

Artigo publicado originalmente na revista *Engenharia*, do Instituto de Engenharia, São Paulo, n. 512, p. 61-62, 1996.

Quando já estávamos terminando o projeto executivo, a construtora contratada iniciou a obra, pois fora contratada por preços unitários com base no projeto básico, procedimento este bastante razoável para apressar obras. Terminamos o projeto e, a partir disso, nosso único trabalho era participar de reuniões no escritório central do cliente a cada duas semanas para esclarecer dúvidas.

Não éramos convidados para ir à obra, embora não fôssemos proibidos de ir, mas o coordenador do cliente dizia: se forem visitar a obra, não pago horas técnicas. E como a obra era distante mais de quarenta quilômetros da capital daquele país e não era do escopo o acompanhamento das obras, optamos por só visitar a obra quando o cliente quisesse (e pagasse nossas horas dispendidas, é claro).

Parecia que a obra ia bem, tanto é que nas reuniões só aconteciam leves cutucões, provocações e pequenas rixas, normais em grandes empreendimentos e levando em conta os conflitos naturais entre cliente, projetista, construtor e a firma montadora.

A obra civil e a montagem dos equipamentos mecânicos deviam estar indo bem, tanto que foi marcada a inauguração solene da obra daí a três meses, à qual compareceria nada menos que o Presidente da República daquele país.

Eu e o pessoal do *management board* estávamos tranquilos quando chegou, com cópias para dez pessoas dos vários intervenientes, uma inesperada carta do cliente. Carta de cliente com cópia para dez pessoas é sempre sinônimo de bomba...

A carta simplesmente dizia no seu trecho mais importante:

> *"considerando as responsabilidades claramente fixadas no edital e no contrato, a firma projetista tem o prazo improrrogável de dez dias para declarar por escrito e assinado este relatório pelo engenheiro responsável, que as unidades projetadas sob sua responsabilidade atendem aos esforços do golpe de aríete e levando em conta principalmente que os equipamentos comprados são, como é normal e sabido pela projetista, diferentes do previsto no Projeto Básico."*

Os termos da carta eram claros e do tipo "toma que o filho é teu, só teu e eu não tenho nada a ver com ele". Claro que nós sabíamos que os conjuntos elevatórios eram algo (?) diferentes do previsto no estudo hidráulico do projeto básico, mas isso nunca nos importou muito pois as características desses conjuntos nunca nos tinham sido fornecidas e, além disso, pelo escopo de nossa contratação, não era de nossa responsabilidade refazer estudos hidráulicos e muito menos o nebuloso e complexo assunto golpe de aríete.

Curiosamente, e não por simples coincidência, acredito eu, no dia seguinte ao recebimento da "carta-bomba" chegaram ao nosso escritório, com um cuidadoso protocolo de entrega, três grandes pacotes, imaginem com o quê? Com os dados

dos conjuntos elevatórios... Na carta de envio lia-se "estamos reenviando dados técnicos já entregues e da responsabilidade da projetista ter solicitado"... A coisa estava pegando fogo.

E a inauguração da obra, presente o chefe de estado, estava marcada e ninguém sabia se as obras quase prontas eram ou não imunes ao misterioso golpe de aríete.

Recebidos a carta e os documentos (que, juro, nunca tínhamos recebido), o *board* decidiu, pela gravidade da situação, atacar estrategicamente em três frentes (vê-se daí a vantagem de ter um *management board*):

1. responder por carta, distribuídas cópias para vinte pessoas, dizendo enfaticamente que não era nossa responsabilidade reestudar o golpe de aríete nem verificar as consequências de se ter comprado equipamentos algo (?) diferentes do previsto no Projeto Básico.
2. sugerir na carta, de forma extremamente leve, política e diplomática, que talvez fosse o caso de se reestudar a data de partida da elevatória (ou pelo menos não convidar o presidente ou no mínimo colocá-lo distante de algum local hidraulicamente perigoso).

Nota

O conceito de "lugar hidraulicamente perigoso" não é encontrável nos livros tradicionais e conservadores de Hidráulica, sendo um conceito que só a vida ensina.

3. de forma confidencial, fazer-se o estudo de golpe de aríete para verificar o que acontecia. Era um custo adicional, mas considerado vital para evitar eventuais problemas maiores. Não contaríamos para o cliente da existência do estudo, para evitar agravamento de pedidos (para certos clientes, se damos a mão, eles depois podem querer o pé).

O estudo foi feito contra o relógio e fomos analisar as consequências em relação ao projeto civil e quanto aos equipamentos comprados pelo cliente. Quanto às obras civis, nada de importante e grave se descobriu com as conclusões do estudo de golpe de aríete. Todavia, surgiram problemas em três válvulas de aço que serviam como descarga do canal adutor de água à elevatória. Essas válvulas eram chamadas no projeto de VD-1, VD-2 e VD-3. Nenhuma delas revelou-se adequada, pois eram menos resistentes que a pressão que o estudo de golpe de aríete indicava poder acontecer e, segundo informações do cliente, elas já estavam instaladas na obra. Foi criada então, por decisão do *board*, uma "comissão de salvação das válvulas". A comissão determinou uma refeitura do estudo do golpe de aríete com hipóteses algo menos rígidas e conservadoras que o inicial. O novo estudo indicou pressões menores quando da eventual ocorrência do golpe de aríete. Foi a salvação da válvula VD-1, que estava no limite de aceitação e então passou. A comissão de salvação passou então a estudar a válvula VD-2, que, mesmo com a refeitura do estudo do golpe de aríete, não passava. O reestudo previa para essa válvula uma pressão instantânea, no caso de golpe de aríete, de 120 kg/cm², e a especificação da válvula era de 100 kg/cm². Quando tudo parecia que era trágico, um membro da comissão de salvação das válvulas viu uma luz no fim do túnel, ou melhor, viu menos que luz, viu um brilho na escuridão. A especificação da válvula, por sorte, dizia: "pressão de trabalho – 100 kg/cm² – Tipo CROST XXVV6677". O nome CROST é de um famoso fabricante americano de válvulas. E olhando-se no catálogo desse fabricante de válvulas, o bendito catálogo dizia que essa categoria XXVV6677 atendia até uma pressão de 130 kg/cm². Havia, pois, uma contradição na especificação, pois indicava duas pressões admissíveis para uma mesma válvula. Aí entrou o saber e o *know-how* do *management board* da firma de projetos.

O *board* decidiu que estávamos bem, pois, se numa especificação há duas exigências, vale a mais rigorosa. A segunda válvula (VD-2) estava salva (pelo menos na opinião do *board*).

Restava a última válvula, a VD-3. Todos os recursos disponíveis na época foram usados, mas a maldita estava com uma resistência de especificação inferior a 15% do previsto no reestudo do golpe de aríete. Claro que todos sabíamos que o estudo de golpe de aríete é apenas uma aproximação do que vai acontecer e que nos esforços dinâmicos, muito rápidos, as estruturas normalmente resistem mais do que nos esforços estáticos, mas o fato matemático inculpava implacavelmente a VD-3. Ela não passava no nosso estudo. Se nada acontecesse com ela no seu uso, tudo bem, mas se ela estourasse, e para desgraça maior no dia da inauguração, poderíamos ficar em dificuldades. Esgotadas todas as tentativas, o *board* decidiu relatar de alguma forma o fato ao cliente, mas omitindo-se, na medida do possível, que fizéramos o estudo de golpe de aríete, pois externamente continuávamos a defender a tese de que esse estudo e as consequências dele estavam fora de nosso escopo e, portanto, fora de nossa responsabilidade.

Fui o escolhido, juro que não sei o porquê, para contatar o cliente e contar do drama.

Liguei por telefone internacional para ganhar tempo face à urgência da questão. Bolei uma estratégia para falar sobre a VD-3. Comecei a falar assim com o Eng. Juan, coordenador do cliente:

– Juan, mesmo entendendo não ser de nossa responsabilidade contratual, nosso senso profissional nos obriga a contar algo sobre a VD-3...

Para minha surpresa, Juan antecipou-se com uma informação inesperada:

– Vocês também já estão sabendo da VD-3? Mas eu explico tudo. Por razões de estouro de verba, delongas no processo de compra e para não atrasar a inauguração, optamos por usar uma válvula usada que tínhamos no almoxarifado e com a vantagem de ser mais resistente que a especificada e cuja entrega vai ser demorada. Você deve ter visitado a obra e visto a velha válvula. É por causa disso que você está me telefonando, não é?

Não se devem perder oportunidades e esta eu não perdi, e respondi da forma mais política e honesta possível:

– Decisões dos nossos clientes sempre nós respeitamos, principalmente quando o cliente é como vocês, com um excelente corpo de colegas engenheiros. Apenas para definir responsabilidades e até exaltar méritos (que ironia a gente aprende a fazer na vida profissional), vou mandar um relatório (com adequado protocolo, pensei diabolicamente) falando da soberana decisão do cliente de usar uma válvula diferente da prevista no Projeto Básico.

Devo ter ouriçado a onça com espeto curto, pois este respondeu, ressabiado com o tal relatório:

– Estou estranhando. Afinal, você me ligou para falar o que da VD-3?

Aí eu sorri, já calmo, e respondi:

– Agora não é mais importante. Um dia, quem sabe um dia, escrevo uma crônica e o mistério da VD-3 se explicará...

Já se passaram dez anos e a elevatória, pelo que eu pude acompanhar a distância, funciona bem.

Cumprindo a promessa, aqui está a crônica que, tão logo seja publicada pela revista *Engenharia*, enviarei ao colega Ing. Juan, que, mesmo nos turbilhões de emoções que cercaram o trabalho, em suas atitudes pessoais sempre foi ético no relacionamento comigo.

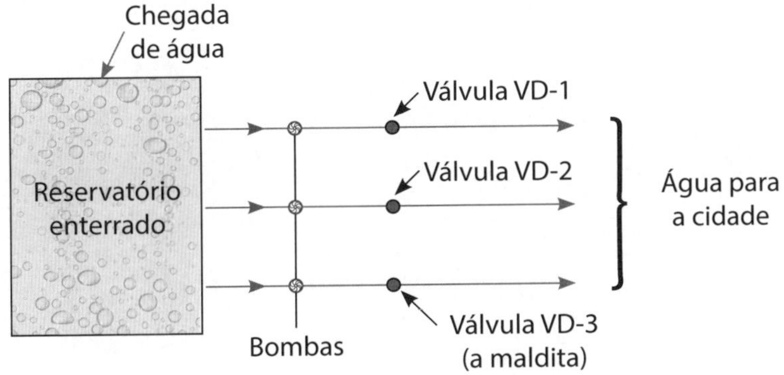

Planta

21. Entendendo o uso da equação da continuidade hidráulica num escoamento com vazão constante, com vários trechos hidráulicos diferentes, quanto às suas seções

Como profissional de engenharia e comunicação, sinto-me obrigado a escrever este capítulo sobre o uso da equação da continuidade hidráulica, pois é um dos assuntos que, tenho notado, são muito mal compreendidos.

Seja uma tubulação de seção circular de água funcionando com pressão cujo diâmetro varia ao longo do seu percurso. Esse diâmetro pode variar bastante, como o esquema a seguir o mostra, mas a vazão é constante ao longo de todo o tubo, de **A** até **B**.

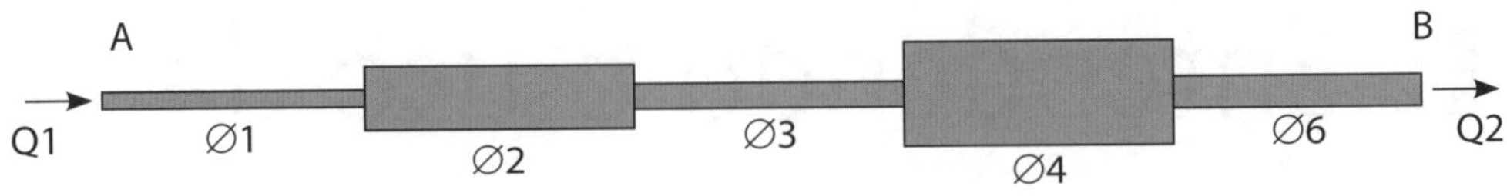

Q1 = Q2 Q1 = Vazão

Seja agora um rio de pequeno ou enorme porte, podendo ser até o rio Amazonas, e consideremos duas seções desse rio, J e K, bem próximas, algo como 400 m. Nessas condições, podemos considerar que o rio escolhido (que pode ser o Amazonas) tem vazões iguais nas duas seções, J e K.

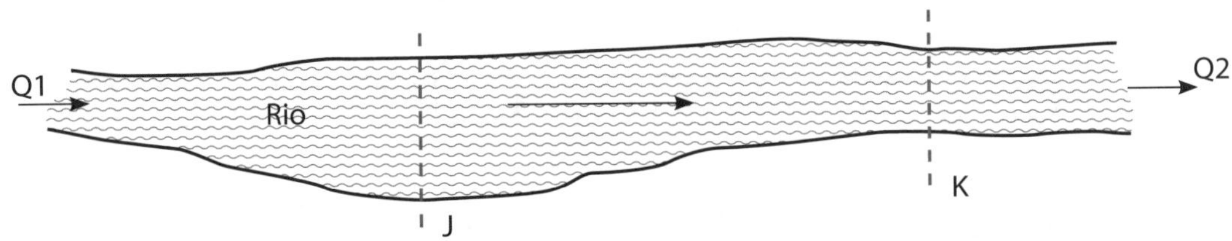

Q1 = Q2

Nos dois casos citados (escoamento com pressão num tubo e um rio), sendo a vazão constante em vários trechos, sempre vale:

$$\mathbf{Q = S \times V}$$

em que **Q** é a vazão, **S** é a área molhada em cada seção e **V** a velocidade média em cada trecho.

Se **Q1 = Q2** então: **S1 × V1 = S2 × V2**

A chamada **equação da continuidade** diz que num escoamento com sua **vazão constante** em dois pontos:

$$\mathbf{S1 \times V1 = S2 \times V2}$$

Digamos a vazão de um rio de **38 m³/s** num canal de **10 m²** de área dita molhada. Como

Q = SV e, portanto, **V = Q/S,** teremos **V = 38/10** **Q = Vazão**

Assim, sua velocidade será **igual a 3,8 m/s**.

Se essa vazão, por mudança de declividade (aumentou a declividade), alterar sua seção molhada em um ponto bem próximo para 8 m^2, sua velocidade será agora de:

$$\mathbf{38/8\ m^3/m^2 = 4{,}75\ m/s}$$

Conclusão

Se a vazão é a mesma em duas seções diferentes, **então a velocidade da água implacavelmente variará**.

Agora vejamos o seguinte caso:

Num reservatório cheio de água, fazemos nele dois furos **A** e **B** com o mesmo diâmetro, mas em alturas hídricas diferentes.

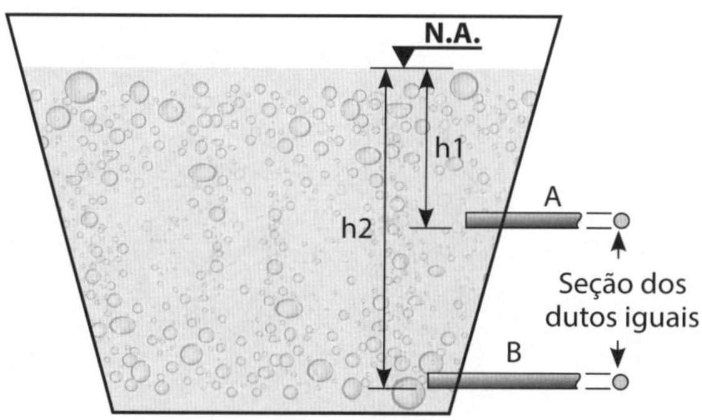

Claro que sairão vazões diferentes em cada um dos dois pontos. Logo, não podemos, por ser uma heresia total, digna de pecado capital, usar a equação da continuidade hidráulica. Quem a usar **irá direto para o inferno**.

Espero que os leitores deste texto concordem que $\mathbf{Q_B > Q_A}$ se os diâmetros dos furos em **A** e **B** forem iguais.

22. Ventosas na rede de distribuição. Relato de um fato curioso que realmente aconteceu

Nota introdutória sobre o equipamento hidráulico "ventosa"

Anotação didática: o que é uma ventosa?

Ventosa é uma peça metálica instalada em sistemas de água com pressão para expulsar o ar trazido pelas águas. Ao expulsar o ar dos sistemas de água com pressão, facilita o enchimento com água desses sistemas com pressão.

Em **pontos altos** de redes de água com pressão, devemos colocar uma válvula para expulsar o ar dissolvido na água. Esse ar sempre existe nas águas, e sua expulsão favorece o escoamento, pois diminui a eterna disputa por espaço entre a água e o ar retido nos pontos altos. A ventosa funciona automática e permanentemente, expulsando o ar carregado pela água.

Aconteceu nos anos 1960 em Salvador (BA)

Um famoso e **queridíssimo** professor de Hidráulica e Saneamento em Salvador (BA) avisava em suas inesquecíveis aulas:

> *"Nos sistemas públicos de abastecimento de água, essa água traz muito ar dissolvido, e esse ar, junto da entrada de água, pode gerar golpes do tipo golpe de aríete. Nas adutoras, devemos sempre colocar ventosas nos pontos altos para expulsar o ar e, com isso, facilitar o escoamento dos gases e evitar golpes.*

Nas redes de distribuição de água nas cidades, todavia, não precisamos instalar ventosas, pois as torneiras abertas dos usuários fazem a função das ventosas, expulsando o ar dissolvido que tenha se acumulado na rede.”

Um aluno gravou as palavras sagradas do mestre e se dispôs a aplicá-las. Eis que, formado, foi trabalhar numa firma de loteamentos. No loteamento “Pedra Azul”, a loteadora, para acelerar as vendas, tão logo a terraplenagem dos lotes ficou pronta, construiu cinco belas casas para atrair compradores e instalou a rede de água, mas o número de usuários era zero, pois ninguém até então tinha se instalado lá. Ao encher, ou melhor, **tentar encher** a rede de água do loteamento, com água de um poço profundo, com uma água que o folheto de propaganda do loteamento dizia que era água alcalina, levemente radioativa e com alto teor de magnésio, talvez medicinal (?????), a rede começou a estourar.

“Faltam ventosas?”, pensou o jovem engenheiro.

Mas o grande mestre tinha ensinado que redes de água de cidades não precisavam de ventosas!!! Seria culpa da composição alcalina, levemente radioativa e com alto teor de magnésio? Não dava para saber. O jovem engenheiro recorreu ao velho mestre, já aposentado, mas que sempre, por simpatia didática, respondia às dúvidas dos seus ex-alunos. Feita a pergunta ao mestre, este respondeu, pela primeira vez, algo irritado:

“Eu falei, e repito, que redes de água de cidades não precisam de ventosas porque as torneiras de cada casa, abertas pelos usuários, permitem a expulsão do ar, facilitando o enchimento da rede de água e eliminando os golpes. Só que, no caso desse loteamento, não existem usuários que abram torneiras, de modo que a água tem enormes dificuldades de entrar na tubulação face à presença antagônica dos ‘gases’. Com isso, são gerados até golpes de aríetes. É rigorosamente uma disputa por espaço, dentro da rede de água.”

Solução do mestre: “No caso em pauta, **instalem ventosas na rede de água**!”.

O jovem engenheiro agradeceu a orientação. O loteamento foi um sucesso comercial, rapidamente os adquirentes construíram suas casas com as sagradas e absolutamente necessárias torneiras. Outra razão pode ter sido a qualidade da água, levemente radioativa e com alto teor de magnésio, talvez até com características medicinais. Há quem acredite...

Mais uma lição profissional

Nota

Quando ocorre falta de água na rede e esta depois volta a se encher e fazer sua função, por vezes essa água que volta tem uma cor levemente esbranquiçada que desaparece em poucos minutos. Esse tom provisório levemente esbranquiçado é devido ao ar dissolvido (não quimicamente misturado). Esse ar dissolvido, ou seja, gases dissolvidos dos quais o oxigênio faz parte, não traz vantagens ou desvantagens e logo desaparece de toda a rede com a abertura das torneiras.

Anotação didática: instalação de uma ventosa.

Em pontos altos de adutoras e **eventualmente em pontos altos** da rede de água, devemos colocar uma válvula chamada de ventosa para deixar sair os gases dissolvidos que vêm nas águas. As ventosas funcionam automaticamente e permanentemente, expulsando o ar. A ventosa é uma peça metálica produzida por muitos fabricantes de equipamentos.

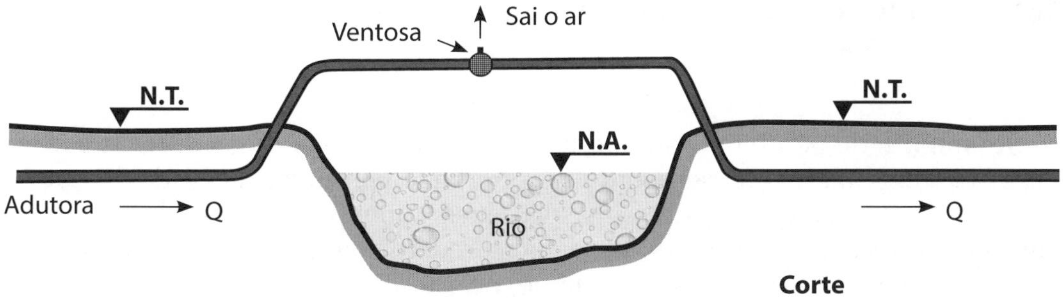

Representação esquemática da instalação de uma ventosa.

Instalamos ventosas em pontos altos do sistema de adução de água, pois nesses pontos o ar dissolvido mais facilmente se liberta da água e então sai para a atmosfera, via ventosas.

Reproduzimos trecho do famoso livro ***Manual de Hidráulica***, do Professor Azevedo Netto (4. ed., p. 317).

> **Ventosas:** *São peças de funcionamento automático colocadas em todos os pontos elevados, sempre que a carga piezométrica for reduzida.*
>
> *No caso de canalizações "rígidas" as ventosas destinam-se a excluir o ar existente na canalização, antes do seu enchimento, e a expulsar*

o ar acumulado nos pontos altos, durante o próprio funcionamento.

Nas canalizações "flexíveis", de aço, as ventosas têm ainda a finalidade de admitir o ar, de maneira a evitar o colapso das linhas sob a ação de um vácuo interno eventual.

De acordo com a prática norte-americana recomenda-se:

Para a admissão e exclusão de ar

$$d \geq \frac{D}{8}$$

Para a exclusão de ar

$$d \geq \frac{D}{12}$$

(D é o diâmetro da canalização e d o tamanho nominal da ventosa).

Triste anexo, didaticamente obrigatório

Pergunta: por que não usar tubos nos lugares de ventosas? Eles fariam o mesmo, não estragariam e funcionariam sem parar.

Resposta: do ponto de vista hidráulico, realmente poderíamos trocar as ventosas por tubos abertos no seu ponto superior, que permitiriam a saída dos gases. Mas existe uma restrição prática e de segurança: tubos abertos podem sofrer vandalismos, como o lançamento de venenos na rede de água. Por isso não podemos usar tubos abertos nos pontos altos, onde, pelo motivo exposto, usaremos ventosas. **Triste anotação**...

23. Os autores aprenderam muito com os "Zé da Água" em vários municípios pequenos. Um cuidado

Relato-questão do arquiteto Antonio Z., de João Pessoa (PB).

> *"Estou a começar, como arquiteto, a dar assistência a vários serviços de água municipais e em cada município sempre tem um personagem apelidado de 'Zé da Água', em geral antigo no cargo, que diz conhecer todo o sistema de água e de esgoto existente. Como sou iniciante no assunto, sou obrigado a confiar neles, que são sempre meio desconfiados. Posso confiar nas informações deles sobre os velhos sistemas existentes e principalmente a rede de água sempre enterrada?"*

Resposta de um dos autores deste texto:

> *"É de tradição que cada serviço autônomo municipal tenha o seu 'Zé da Água'. Em alguns deles eu já me apoiei, tomando os cuidados de relacionamento humano exigidos. Como arquiteto que sou, anotei e aprendi algumas regras para esses casos, que estão no quadro a seguir."*

Idade dos trechos da rede de água e de esgotos	Grau de lembranças do "Zé da Água" sobre os sistemas de água e esgoto
Trechos com mais de 20 anos de idade	Muito bom
Trechos com idade variando entre 10 e 20 anos	Bom, mas com falhas em trechos reformados ou ampliados.
Trechos com menos de 10 anos	Ruim

Nota

Raríssimas vezes consegui obter velhos desenhos cadastrais das redes.

Conto agora duas experiências por mim vividas em contato com dois Zé da Água, muito antigos no seu serviço.

Caso 1. Seu Osvaldir

Seu Osvaldir veio me procurar dizendo que talvez eu pudesse explicar a ele um aparelho metálico de médio porte que existia embutido no começo de uma rede de esgoto e que era, talvez, o mais velho trecho da rede. Fui com ele procurar entender o que era esse aparelho existente no início da rede de esgotos, cujo formato era o de um cubo com uns 80 cm em cada aresta. Não consegui entender ou decifrar, mas, como tenho um velho amigo engenheiro, que trabalhou muito com obras sanitárias, fui conversar com ele. Ao ouvir a minha pergunta sobre tão esquisito aparelho metálico dentro da velha rede de esgotos da cidade, vi seu rosto, depois de um ou dois minutos de reflexão, se abrir num sorriso. Ele então disse, com a segurança dos sábios:

> *"Pela sua descrição, esse pode ser um velho equipamento muito usado no passado, que se chamava 'tanque fluxível'. Saturnino de Brito, o mestre dos mestres do saneamento, muito os usava. A razão desse uso é a seguinte: no começo do século XX, quando começaram a se implantar as redes de esgotos, o consumo de água potável era diminuto e deficiente. Por causa do pequeno consumo de água gerava-se pouca vazão nos esgotos. Com isso, havia muita deposição de sólidos na rede de esgotos, com o consequente entupimento, pois o que garante o escoamento e não deposição de detritos na rede de esgoto é uma adequada vazão, e isso não havia. Saturnino de Brito, então, em suas obras de esgotos, adicionava no início das redes, não em todos os pontos, mas em alguns com rede de esgoto com menor declividade, esses tanques fluxíveis, que recebiam água potável da rede e descarregavam periodicamente essas águas na rede de esgoto, diminuindo a possibilidade de entupimento.*

Hoje em dia, com a sensível melhoria das redes de água, as vazões desse líquido são muito maiores se comparadas com as de antigamente, de modo que a ocorrência de entupimentos por deposição de sólidos ocorre muito menos. Assim, os tanques fluxíveis foram deixados de lado, foi cortada a alimentação deles com água potável e alguns ficaram abandonados e esquecidos nas velhas redes de esgotos. Assunto esclarecido."

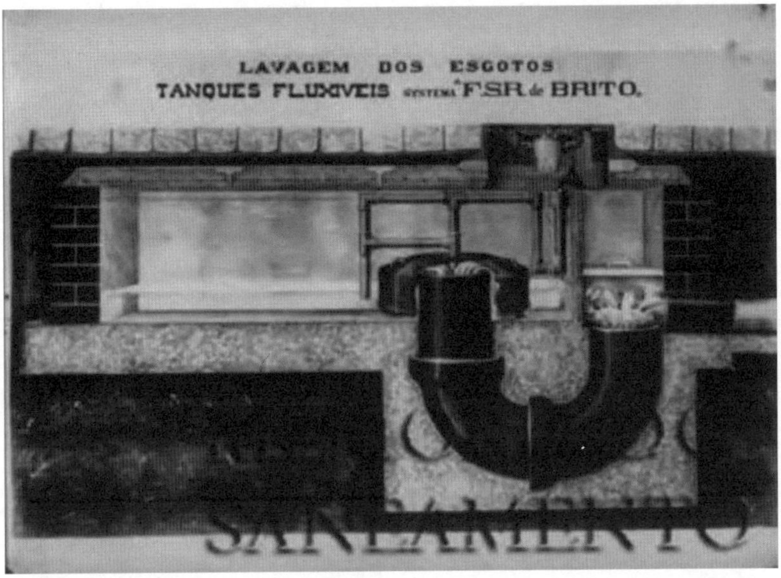

Aprendi mais uma.

Caso 2. Seu Luiz

Este escritor acabara de se formar e foi trabalhar na estação de tratamento de água de uma importante cidade paulista. Essa estação precisava ser ampliada. Estávamos nos anos 1960, e essa estação de tratamento de água era considerada a mais bem operada de todo o estado. Ao visitá-la, fiquei impressionado com a ordem, a limpeza e o carinho que o seu Luiz, o chefe de operação, dedicava a ela. No meio do saneamento paulista havia uma frase famosa sobre a qualidade da estação:

> *"Local bem cuidado, limpo e organizado. Esta estação fazia lembrar o Palácio Imperial de Petrópolis (RJ). Só faltam as pantufas para cobrir os sapatos das pessoas que chegam e com elas não sujar o piso da ETA."*

Fiquei maravilhado com a ETA e fui pegar os dados dos equipamentos existentes, pois em arquivos, como sempre, nada existia. Eu teria de pegar dados das placas de equipamentos como bombas, motores, equipamentos específicos de tratamento da firma brasileira Rein, que os produzia quase que artesanalmente. Não consegui. Todos os dados estavam esmerilhados e ilegíveis. Todos eles. Falei, visivelmente contrariado, com seu Luiz, e ele me explicou todo feliz (!!!!!):

> *"Os dados de placa dos equipamentos estão ilegíveis por estarem esmerilhados. É que eu exijo que os empregados da ETA passem todas as semanas o líquido polidor, pois eu quero tudo brilhando. E, portanto, toda semana as placas dos equipamentos foram polidas, isso por mais de vinte anos (seu Luiz sorria orgulhoso...). Essa é a razão. Mas as placas e os próprios equipamentos ficam sempre brilhando, não é lindo?"*

Para não magoar o seu Luiz, afinal, eu iria precisar dele para outras informações, sorri e fingi que ele trabalhara certo por vinte anos, apagando os dados de placa dos equipamentos.

O que acha o caro leitor?

24. O mistério das duas lagoas de tratamento de esgotos industriais e sua solução pela Termodinâmica, apesar de os despejos serem lançados na temperatura ambiente

Meu chefe deu-me um dia uma missão que parecia comum e rotineira. Revisar o estudo inicial do projeto de uma estação de tratamento de esgotos industriais. Quem diria que, graças a esse trabalho, eu voltaria a ler meus velhos livros de Física e relembraria antológicas discussões filosófico-científicas sobre a sagrada e misteriosa Termodinâmica.

A história foi mais ou menos assim:

O estudo a revisar era o anteprojeto de uma estação depuradora dos esgotos para um distrito industrial de uma cidade no estado de São Paulo.

O estudo estava ainda bem embrionário, constando apenas de fluxogramas e plantas gerais na escala 1:5.000. Previa-se que a estação constaria de grades, tratamento físico e biológico. Por cautela, estava prevista, após as grades, a possibilidade de, se necessário, do ponto A enviar-se por gravidade todo o esgoto para lagoas de retenção caso esses esgotos chegassem à estação com características químicas dificilmente trabalháveis. E o que fazer com esses esgotos depois de retidos nas lagoas? Aí fazia-se no líquido retido algum processo de desenvenenamento e depois disso essas águas seriam devolvidas gradativamente à estação, chegando também no ponto **A** por gravidade (sem bombas). Em essência, o fluxograma simplificado era o seguinte:

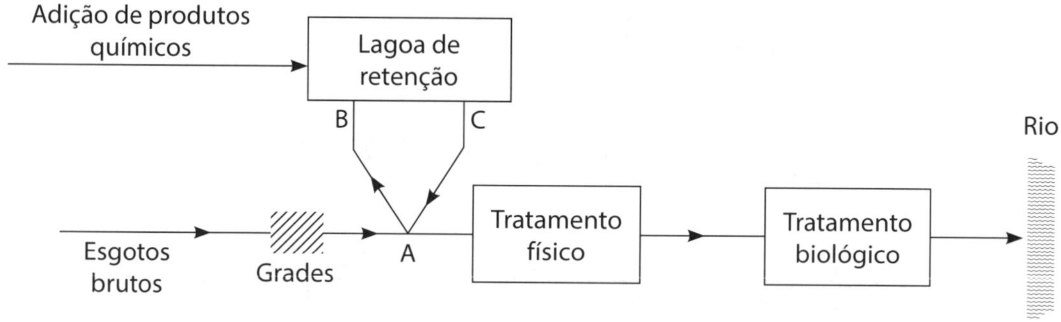

Júlio foi o colega que fez essa disposição inicial. Fiz meus comentários em geral, mas algo me chamava atenção no envio e retorno do líquido à lagoa. O seu funcionamento era maravilhoso. O esgoto saía de **A**, ia por gravidade até a lagoa (**B**) e voltava da lagoa (**C**) também por gravidade até o mesmo ponto **A**.

Júlio, ao ver meu interesse alertou-me, orgulhoso:

> *"Obriguei o circuito* **ABCA** *ser esse por ser mais econômico, pois não gasta energia e não depende de equipamentos de bombeamento que podem quebrar."*

Achei altamente elogiáveis essas preocupações, mas algo me dizia que as coisas não eram bem assim.

Consultei então meus livros de Termologia e Termodinâmica, e voltou-me à lembrança, com invulgar clareza, a terrível profecia do Segundo Princípio de Termodinâmica de mestre Carnot: em qualquer processo, há uma transferência inconversível de calor para o meio. Não existem, pois, circuitos naturais de ida e volta.

No dia seguinte disse isso a Júlio. Seu *layout* era antinatural e, portanto, errado, impossível. Júlio era cabeça dura. "Botelho, é claro que o meu circuito pode funcionar. Depende, é lógico, do nível em que se coloque a lagoa em relação ao ponto A. Se você ainda não conhece a topografia do terreno, como você pode usar a opinião desse Carnot, dizendo que a estação não vai funcionar? E, além disso, o que tem a ver a Termodinâmica com uma Estação de Tratamento de Esgotos Industriais?"

Tentei falar então com meu chefe, Robertão. Robertão era um bom engenheiro, mas com a sensibilidade crítica de um elefante. A resposta foi a de sempre:

"Botelho, Botelho. Chega de misturar filosofia com engenharia. O Júlio escolhe uma solução boa, barata, flexível, simples, e lá vem você complicar. Assim não dá. Se você quer fazer filosofia, você errou de profissão. Aqui é a engenharia que manda. Quem é esse tal de Carnot? Se ainda fosse o Eckenfelder, o Metcalf Eddy..."

Insisti, usando uma nova abordagem:

> *"Relembro uma das possíveis versões da Segunda Lei da Termodinâmica: 'Não é possível transferir calor de fonte fria para fonte quente'. Logo, o sistema proposto é inviável."*

Robertão foi curto e grosso na resposta:

> *"Você por acaso sabe a temperatura de chegada dos despejos na estação? E se eles chegarem à estação com temperatura ambiente?"*

Vendo que não seria com aspectos filosóficos que eu venceria a disputa, pedi a Júlio que desenhasse o perfil da linha de gravidade que levasse o esgoto de **A** até a lagoa e da lagoa até **A**. Não deu outra: antes de terminar o desenho, Júlio colocou um conjunto motor-bomba no retorno dos esgotos da lagoa até **A**. Júlio explicou:

> *"Que fique claro. O conjunto motor-bomba de elevação é para aumentar a flexibilidade do sistema, e não para atender às suas preocupações térmico-filosóficas. O sistema poderia funcionar também sem a bomba."*

Foi uma pena que o projeto fosse feito prevendo a existência de bomba. Eu gostaria de vê-lo funcionando sem a bomba. E, como diria Júlio, se a gente escolhesse **bem**, mas ***bem*** mesmo a localização da lagoa, talvez a gente pudesse até colocar uma turbina no circuito e gerar energia. Sonhar não é crime, embora se possa ter um pesadelo com Sadi Carnot.

Lembretes para quem sonha com moto-contínuos

Moto-contínuo de primeira espécie: um equipamento que funciona permanentemente sem consumir ou gerar energia.

Moto-contínuo de segunda espécie: um equipamento que funciona permanentemente, liberando energia.

Já encontrei vários inventores à caça do moto-contínuo. Sempre recomendo que eles procurem o moto-contínuo de segunda espécie. Impossível por impossível, pelo menos o da segunda espécie é útil, pois gera energia.

25. Não dá para esquecer e não dá para não contar. Meus dois professores de Geometria. Eu tinha apenas 14 anos quando tudo aconteceu

Crônica de Manoel Henrique Campos Botelho, em homenagem a Miguel de Unamuno, filósofo e reitor da Universidade de Salamanca, na Espanha. Final dos anos 1930.

> Dizia o mestre:
>
> "Há momentos em que silenciar é crime, e então eu não me calarei."

△▽ **Alerta: para entender Hidráulica, é necessário entender Geometria.**

Conto uma historieta. Eu tinha algo como 14 anos e tive minha primeira aula de Geometria. O professor (chamemos de professor **A**) declarou para a sala de aula:

> *"A Geometria se baseia em três conceitos fundamentais e importantíssimos: o Plano, a Reta e o Ponto."*

Aí ele respirou fundo, ganhou coragem e falou como **alguns** grandes mestres falam:

> *"Só que não existe nem o Plano, nem a Reta, nem o Ponto."*

Repito, eu tinha 14 anos. Imagine como o meu cérebro ficou! Sem entender, afinal, na Geometria, **os conceitos mais importantes não existiam**...

Um ano depois, eu tive um outro professor (chamemos de professor **B**), que não sabia o que o professor **A** tinha ensinado e declarou:

> *"A Geometria se baseia em três conceitos fundamentais e importantíssimos: o Plano, a Reta e o Ponto."*

E continuou:

> *"Sabe aquele tampo de mesa da cozinha da sua casa, tampo meio engordurado? Esse tampo é um excelente exemplo de Plano.*
>
> *Sabe a sua régua escolar de plástico, meio torta e baratinha, baratinha? A linha superior dessa régua é um excelente exemplo de Reta.*
>
> *E sabe aquela manchinha de tinta que a sua caneta esferográfica fez em sua camisa nova? Essa manchinha é um excelente exemplo de Ponto."*

Eu, Manoel Henrique Campos Botelho, sigo o método didático do professor **B**...

Dizem as más línguas que o professor **B** não é exato e não é rigoroso nas suas definições. O que acha o caro leitor?

26. Para combater novos incêndios, um distrito industrial instalou mais um hidrante na adutora de água que o atendia, onde já havia um hidrante. O resultado hidráulico adicional foi quase nulo. Explicando o porquê

Crônica bélica análoga a este assunto

Numa guerra, um batalhão do exército A descobriu que, nas proximidades, havia chegado um grupo de soldados do exército B, seus inimigos. Para enfrentar o exército B, o comandante do exército A enviou:

- grupo de soldados em número calculado e limitado para atacar e possivelmente vencer o inimigo;
- armas para atender o estritamente necessário a esse seu grupo;
- munições para atender estritamente as armas enviadas;
- idem alimentação e remédios.

Tudo limitado em termos de recursos, pois estava havendo falta de suprimentos na retaguarda. Ao chegar ao local do confronto, o grupo do exército A percebeu que a tropa inimiga (exército B) era três vezes maior do que se imaginava. Alertado disso, o comandante do exército A mandou mais soldados e nada de mais armas, munição, alimentação e remédios.

Com essas informações bélicas, quem vai ganhar a batalha?

Estamos hidraulicamente na mesma situação quanto à colocação de mais um hidrante, sem que se aumentasse a vazão da linha adutora de água para o local no distrito industrial. Vejamos como podemos fazer o cálculo hidráulico da questão e como tudo vai funcionar com o hidrante adicional (Hidrante H2).

Seja o desenho a seguir.

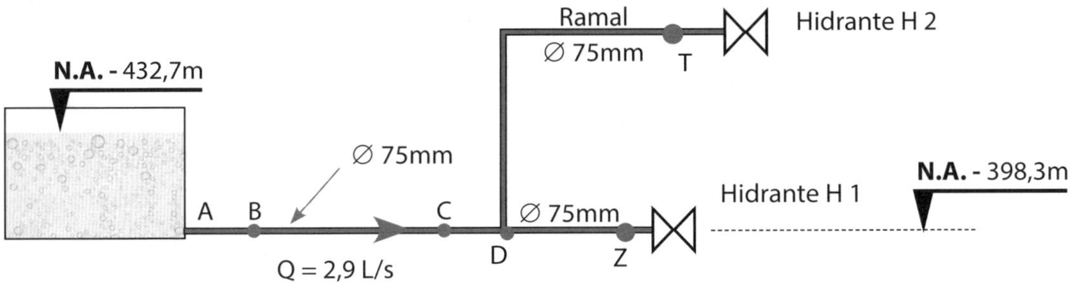

Vamos interpretar o esquema hidráulico mostrado.

Observe-se que o sistema hidráulico está totalmente definido, ou seja, ele é possível de ser construído, e podemos estimar pelas equações da hidráulica a vazão de saída no ponto D. A Mãe Hidráulica nos dá critérios para estimar a vazão que resulta em D. Em D existe um hidrante de rua que normalmente está fechado, ou seja, existe uma válvula gaveta fechada na sua extremidade. A vazão a sair se essa válvula for totalmente aberta será aquela que consumir a carga hidráulica, que é de:

$$432{,}7 \text{ m} - 398{,}3 \text{ m} = 34{,}4 \text{ m}$$

Essa carga hidráulica de 34,4 m será consumida (perda de carga energética por atrito hidráulico) ao longo da tubulação ABCD, que tem a seguinte extensão:

$$AB = 780 \text{ m} + BC = 390 \text{ m} + CD = 450 \text{ m} = 1.620 \text{ m}$$

A vazão que acreditamos que irá escoar, com base nas equações e fórmulas da Hidráulica, será a vazão num tubo de 75 mm de plástico que consumirá a carga de 34,4 m. Olhando no gráfico (ábaco atribuído a Hazen Williams; ver Anexo 1), veremos que com a carga unitária de 34,4/1.620 = 0,021 m/m, que é 2,1 m/km (unidade de medida usada na equação de Hazen-Williams). Entremos nessa tabela-ábaco com os dados que temos, a saber: tipo de tubo (de plástico), diâmetro de 75 mm. Resulta a vazão de 1,4 L/s e a velocidade de 0,35 m/s.

Digamos que esse sistema foi projetado e construído como mostrado no desenho, e foi colocado na extremidade da tubulação (ponto D) um hidrante que normalmente permanece fechado. Deseja-se que saia dele exatamente uma vazão de 1,4 L/s, vazão calculada e estimada como adequada por um especialista em combate a incêndios. Conclusão: tudo está ótimo, e o distrito industrial está protegido para combater incêndios eventuais.

Eis que o distrito industrial cresce em fábricas instaladas, em trabalhadores fabris e em tudo que cerca um crescimento industrial.

Em face desse crescimento, a administração do distrito industrial solicita à Prefeitura, dona do distrito industrial, um reforço no sistema de combate a incêndios. O prefeito, que era muito mal-orientado tecnicamente, simploriamente manda colocar um ramal no ponto D (extremidade da adutora) e na extremidade do ramal coloca mais um hidrante, igual ao já existente. Os dois hidrantes têm diâmetro nominal de 75 mm, o menor diâmetro disponível no mercado para hidrantes.

Por cautela, com o ramal novo e o hidrante novo prontos, a Prefeitura mandou medir a vazão total do sistema, ou seja, a soma das vazões dos agora dois hidrantes. A surpresa foi grande, pois a soma das vazões dos dois hidrantes em funcionamento pouco aumentou. É que ninguém tinha pensado em aumentar a vazão de chegada, e como o tubo adutor era o mesmo de 75 mm, não teve sua vazão aumentada. A única vantagem que o novo hidrante adicionou foi o fato de se poder combater o incêndio, agora, em dois pontos (T e Z), o que talvez aumente a flexibilidade do sistema.

> *A analogia com a batalha dos exércitos A e B é total, e nem é preciso dizer que, graças ao seu maior número de soldados, o exército B vai, provável e tranquilamente, ganhar a batalha contra o exército A.*

A seguir, detalhes de um hidrante de rua. Os diâmetros nominais de hidrantes disponíveis no mercado são de 75 mm e 100 mm.

▪Dimensões e massas

Hidrante subterrâneo com curva

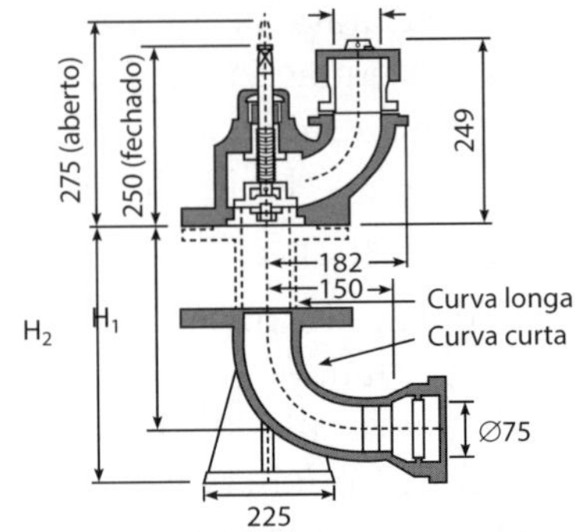

Hidrante subterrâneo com curva e caixa

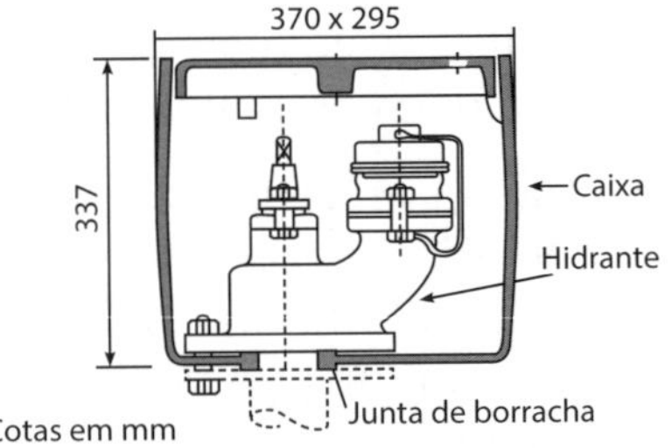

Cotas em mm

Abreviaturas	
Com curva curta	HSC
Com curva curta e caixa	HSCX
Com curva longa	HSK
Com curva longa e caixa	HSKX

Dimensões e massas			
Tipo	H1	H2	Massas
	mm	mm	Kg
Com curva curta	150	288	42
Com curva curta e caixa	150	288	85
Com curva longa	437	575	54
Com curva longa e caixa	437	575	97

▪Flange

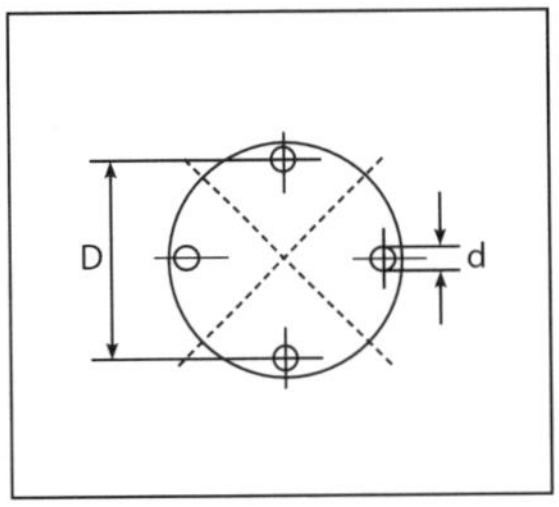

Número de furos: 4

Diâmetro dos furos (d): 20 mm

Diâmetro do círculo de furação (D): 170 mm

▪Pressão máxima de serviço

1,0 MPa

▪Manobra

É feita por uma chave T, que não acompanha o fornecimento do hidrante, devendo ser pedida separadamente.

▪Revestimento

Pintura betuminosa.

▪Consultas e pedidos

Conforme a configuração desejada, especificar a respectiva abreviatura.

Fonte: *Catálogo Barbará*, 1998, p. 290.

Notas

1. Diâmetro nominal é uma referência muito próxima do diâmetro interno real da peça e que permite um engate do hidrante (ou uma peça em geral) com o tubo de ligação que também tenha o diâmetro nominal do hidrante (da peça). Idem para a conexão de tubos.
2. Em termos de dimensionamento hidráulico, tanto faz considerar hidrante enterrado ou hidrante saliente, que são dois tipos existentes de hidrantes.

Nota de manutenção

Cada hidrante deve ser testado funcionando, no máximo, uma vez a cada seis meses.

27. Explicado o fenômeno da capilaridade. Talvez a água suba em estruturas capilares sem gastar energia. Lavoisier e Galileu Galilei estariam errados???? Desvendando o mistério

Pergunta de um leitor de nome Januário, de Belo Horizonte (MG)

"Há casos em que tubos muito finos, chamados de tubos capilares, se imersos em um corpo de água, a água sobe pelos tubinhos sem gastar energia. Se isso for verdade, estaríamos contrariando os mestres sagrados Lavoisier e Galileu Galilei? De onde vem a energia para essa subida da água? Dizem que em certos casos a água dentro dos tubos capilares pode subir até mais de um metro. É o fim do mundo. Por favor, me expliquem. Até segunda ordem, continuo acreditando, agora com alguma insegurança, em Lavoisier, Galileu, Newton e Einstein."

Resposta

Na Física que estudamos nos cursos médios (antigamente chamados de Colegial Científico), estudávamos as energias comuns. Se quisermos, podemos chamá-las de energias obedientes a Galileo Galilei e Newton. Só que existem outras energias provenientes de fenômenos moleculares. Vamos transpor, traduzindo do espanhol, o texto do professor V. Langue, de Moscou, na então União Soviética (URSS), hoje simplesmente Rússia. O título do livro é *Paradoxos e sofismas físicos* (Editorial Mir, 1984, p. 129, pergunta 59).

> *"A subida de um líquido em tubos capilares ocorre nos casos quando as forças de atração entre as moléculas do líquido e as moléculas da substância do tubo superam as forças da coesão das moléculas do líquido entre si. Deste modo, o trabalho necessário para elevar o líquido se realiza neste caso à custa da diminuição da energia potencial com a mudança da configuração do sistema 'líquido-tubo'. Da mesma forma, um ímã atrai um pedaço de ferro porque a energia potencial do sistema 'ímã-ferro' neste caso diminui. Mas se as forças de coesão entre as moléculas do líquido são maiores que as forças de atração das moléculas do material do tubo, a energia potencial do sistema diminuirá com a descida do líquido do tubo."*

Nota 1

A água sobe, mas se fizermos a mesma experiência usando não água, e sim mercúrio, esse líquido mercúrio desce dentro do tubo capilar.

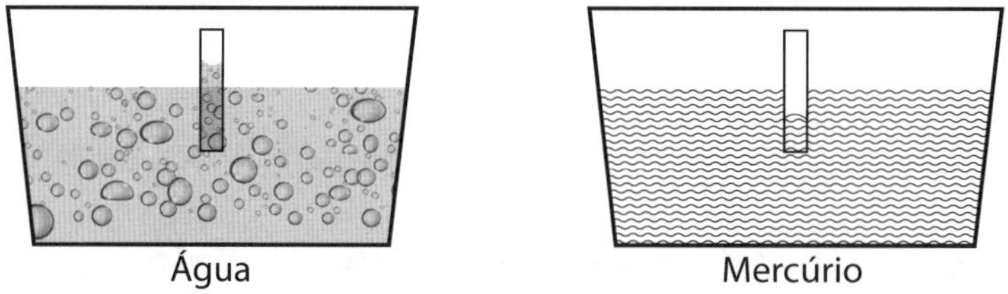

Nota 2

Há uma analogia quando aproximamos dois ferros imantados pelos seus polos negativo e positivo. Eles se aproximam com alguma velocidade, ou seja, com energia que vem do magnetismo terrestre.

28. Transgressão de uma lei da Física que, por incrível que pareça, funciona, e funciona muito bem. É o fim do mundo... E mais um mistério da Hidráulica, agora resolvido

Introdução

A Termodinâmica é a mais filosófica das partes da Física. Tem duas leis básicas e uma lei adicional. Elas podem ser expressas na forma seguinte:

- **Lei adicional:** *"Nos sistemas isolados, a energia é constante".*
- **Primeira lei:** *"Toda vez que parte da energia se transforma em calor, caso do atrito, por exemplo, há uma relação imutável entre a energia transformada e sua expressão em energia de calor".*

- **Segunda lei:** *"Em toda transformação de energia, parte vira calor que não pode ser reaproveitado. O calor é a menos nobre das formas de energia".*

O exemplo mais simples da segunda lei é o cair de uma bola no chão. A cada descida e subida, as alturas de subida são sempre menores e no final a bola fica imóvel, descansando no piso. A bola e o piso aumentam sua temperatura, por causa do calor transmitido pelo impacto. Um dos pais da Segunda Lei da Termodinâmica foi o físico francês Sadi Carnot, no século XVIII. Daí nasce o conceito de **entropia**, que pode ser pesquisado em livros mais avançados de Física.

Em toda a minha vida profissional, segui religiosamente as duas sagradas leis, com bons resultados e sem receber outras críticas. Se alguém me criticasse, eu apelaria para meu guru da Termodinâmica, o mestre Sadi Carnot, que eu esperava, confiante, jamais desampar um seu discípulo ortodoxo, conservador e dogmático como eu.[1] Só que a vida tem surpresas. Fui chamado a um país de língua castelhana para dar um **parecer tático estratégico integrado** (uma especialidade que eu criei).[2] O caso era: uma grande cidade ficava ao lado de um despenhadeiro, e o rio que cruzava a cidade era dirigido para esse despenhadeiro, o qual descia usando um conjunto de tubulações. Lá embaixo, construiu-se uma usina hidrelétrica usando essa água e sua velocidade. Tratava-se de um sistema chamado de "fio de água", em que não havia grandes reservatórios de regularização de vazões. Na prática, exceto por pequeníssimos reservatórios em cima e embaixo, a água que caía do planalto, usando a queda do desfiladeiro e indo para a usina hidrelétrica, era a vazão natural do rio, portanto, sem reservação (ver desenho a seguir).

O sistema já tinha uns cinquenta anos, muito bem construído, era ótimo e atendia à cidade, que usava toda a energia elétrica gerada. Graças a esse sistema de geração hidrelétrica, nunca faltara energia na cidade. Só que, com o tempo, a cidade cresceu em população e indústrias, e surgiu um problema oriundo desse crescimento e das mudanças de hábitos. Se essa usina sempre atendera bem a cidade, 24 horas por dia, começou então a surgir o que se chama "pico de consumo", ao redor das 17 horas, pois, nesse horário, todos os consumidores ligavam suas lâmpadas de iluminação predial e as fábricas ainda trabalhavam, requerendo energia elétrica. Esse pico de consumo durava algo como meia hora, das 16h45 às 17h15. O sistema hidrelétrico existente começou a falhar, pois não tinha capacidade para atender o pico. Por causa disso, nesse horário, as luzes das casas ficavam fracas e vários motores das indústrias paravam. Algo precisava ser feito para atender a esse pico de consumo, de reduzida duração, convenhamos, mas que podia se alastrar. Uma ideia seria instalar, para atender exclusivamente a esse reduzido horário de

[1] Crítica injusta da oposição.

[2] Com uma expressão tão sofisticada, sempre dá para cobrar um pouco mais caro pela consultoria, como me ensinaram meus cabelos já parcialmente brancos.

pico, uma usina termoelétrica, queimando óleo, mas na cidade havia um grupo de ambientalistas que fariam um auê daqueles por causa da queima de óleo e dos problemas ambientais decorrentes dela. Um real problema de meio ambiente. Impossível, portanto, usar, para atender a esse horário de pico, uma usina termoelétrica. Outra ideia seria receber energia hidrelétrica de outra usina hidrelétrica que estava com folga de produção, mas essa usina distava mais de 350 km da cidade e seria necessário construir uma nova e custosa linha de transmissão elétrica, a qual seria usada apenas meia hora por dia, ou seja, uma solução caríssima.

O que fazer se ainda o homem não aprendeu a estocar grandes quantidades de energia com eficiência?

Diante desse quase caos, alguém pensou em consultar uma "cartomante sensitiva paranormal" de grande sucesso na televisão para que ela indicasse uma solução, mas não sei por quê, talvez por um injusto preconceito materialista, quem teve a ideia não a expôs, pois sabia que a ideia seria rejeitada na reunião de diretoria da concessionária de eletricidade, talvez por cinco votos contra e quatro votos a favor... Em ambientes de caos, costumam explodir soluções bizarras. Uma ideia que foi proposta: construir um reservatório na região mais baixa do sistema. Um novo sistema de bombeamento faria retornar a água para o reservatório superior, que, somado à vazão natural do rio, aumentaria a geração de energia, pois o sistema já tinha máquinas para um aumento da capacidade geradora, o que faltava era a água, a sagrada água...

Então fui chamado como consultor para dar o meu **"parecer tático estratégico integrado"**. Claro que fui dar essa consultoria e, ao saber da ideia de retornar a água por bombas para o ponto alto do sistema, para ela depois voltar a descer, usando o mesmo caminho anterior, confesso que fui radical e até grosseiro. Que eu concordasse em desobedecer à Segunda Lei da Termodinâmica era uma heresia inaceitável, e o proponente de tal heresia estaria sujeito a perder seu título de engenheiro. A reunião em que apresentei minha opinião tinha umas dez pessoas, seis engenheiros, um ambientalista e dois economistas, um deles de nome Adão, um ex-seminarista, que era famoso (????!!!!) por ter feito curso de especialista em Teologia Moderna de São Tomás de Aquino!!! E foi Adão que começou o ataque desrespeitoso ao mestre da Termodinâmica, Sadi Carnot. Falou Adão que analisar soluções globais sem levar em conta aspectos de custos, isso sim era uma heresia. Adão era, portanto, favorável à proposta. A ideia da herética proposta (no meu modo de ver) era a seguinte:

> *Construir-se-ia um reservatório de jusante de pequeno porte, permitindo com essa reservação adicional o bombeamento dessa água para o reservatório de cima, no período de tempo da demanda de pico, e somente nesse período de tempo. A água que desceu agora subiria, usando-se, para isso, novas bombas e motores de grande porte e tubulações (a se instalar) para atender a essa função*

específica – claro que desobedecendo esse tal de Carnot (era uma clara indireta contra mim), pois o que se ganha na produção energética, ou seja, na descida da água, é menor do que a energia de bombeamento para fazer subir a água. Ou seja, essa ideia é onerosa, só que aumenta a chegada da água ao trecho superior do rio numa hora necessária e, graças ao acréscimo de vazão, aumenta a geração de energia para atender estritamente ao pico de consumo energético. Tudo isso graças ao retorno, ou seja, à subida da água de baixo. Essa solução, contra a Segunda Lei da Termodinâmica, é aparentemente desinteressante, mas atende ao pico de consumo, e os custos dela são mais baixos do que trazer a energia da usina distante com a necessária e custosa linha de transmissão. Além disso, é uma alternativa não poluidora, pelo fato de não queimar óleo.

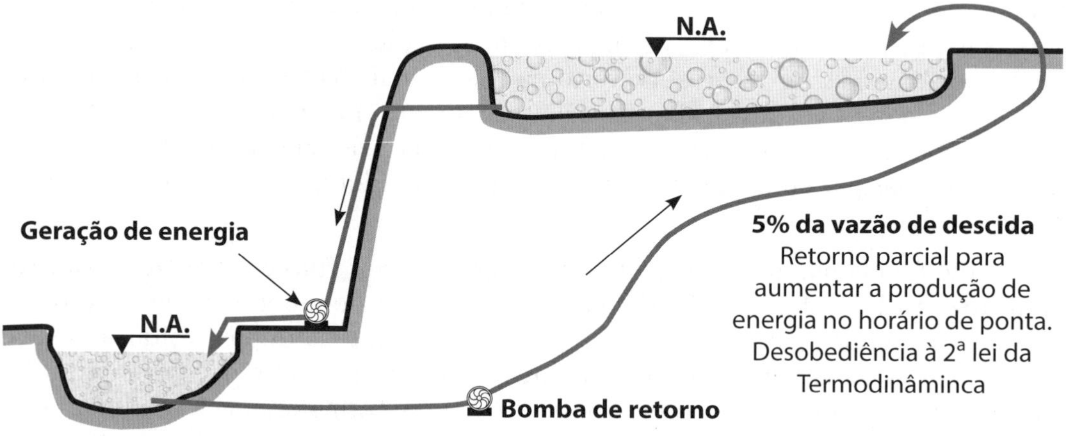

Cerca de 5% da vazão de descida tem retorno para aumentar a produção de energia no horário de ponta de consumo.

Chocado pela lógica implacável do raciocínio do proponente Adão, pedi um dia de reflexão para ver se eu podia desrespeitar meu ídolo, ou, mais realisticamente, meu agora quase ex-ídolo (!!!!) Sadi Carnot. No dia seguinte, contrariado, concordei com a ideia proposta. Era uma solução. Quando fiquei solitário no hotel, pensei:

> *"Não é verdade que Sadi Carnot e o que aprendi de Termodinâmica estivessem errados. O sagrado continua sagrado. Apenas tudo isso perdeu para a entrada em cena do vil metal. A análise de custo! Custos, custos, sempre eles..."*[3]

[3] Como sabemos, existem engenheiros que não consideram o estudo de custos nos seus projetos de engenharia. Coitados...

Com alguns ajustes, poderia ser viável. Em resumo: seria usada uma energia disponível naquele horário para o recalque, e a água recalcada desceria gerando mais energia no horário de pico! Assim, o recalque teria que começar algum tempo antes do início do horário de pico, quando ainda havia energia disponível na geração, e terminaria também antes do término do horário de pico, esgotando-se o acúmulo de água no mesmo momento. Os detalhes de tempo e volume de recalque teriam que ser calculados.

O sistema, como proposto pelo Adão, economista com pós-graduação em Teologia Moderna, foi construído e... funciona! Aliás, funciona muito bem...

Nota complementar

Em certos sistemas de geração de energia elétrica, principalmente no que se refere ao fornecimento a indústrias, pode haver um equipamento de medida de consumo que leva em consideração o horário de consumo, permitindo que se cobre mais caro pelo consumo nos horários de pico. Dessa maneira, desestimula-se o consumo de energia nesses horários e se consegue diminuir o pico de consumo.

29. O terrível erro de Hidráulica de um professor dessa matéria que, se estivesse certo, resolveria em poucos dias, ou em apenas algumas semanas, todo o problema da seca do Nordeste brasileiro

---

Relato do leitor Francisco, de Rio Grande (RS):

Quero contar um fato que aconteceu no meu curso de Engenharia Civil, feito numa faculdade de língua castelhana, na matéria **Hidráulica**.

O professor dessa matéria nos apresentou a equação de Chesy para explicar o funcionamento dos canais, ou seja, o escoamento que depende somente da declividade para escoar. Normalmente, como no caso dos rios, o que dá essa declividade é o terreno. Pensando bem, o rio Paraná nasce nas imediações de Brasília e, graças à declividade dos terrenos que cruza, vem descendo de lá, chega à região Sul do Brasil e, atravessando países castelhanos, tem sua foz (fim) no rio da Prata.

A equação de Chesy correlaciona seção hidráulica, vazão, rugosidade das paredes e velocidade. E exibindo a equação, que alguns profissionais chamam de "fórmula", mostrou que a vazão depende da declividade – pelo menos foi isso que o professor mostrou ou tentou mostrar e, como reforço, deu vários exemplos numéricos. Parecia que tudo ia bem quando o mestre (esqueço o nome dele) declarou em alto e bom som:

> *No escoamento hidráulico em canal, a vazão depende da declividade. Nunca se esqueçam dessa regra do Chesy... É uma lei sagrada... Repito: a vazão de um rio ou córrego é função indiscutível da declividade desse canal (rio ou córrego). A expressão da equação de Chesy com coeficientes de Manning é:*

$$V = 1/n \times R_H^{2/3} \times i^{1/2} \quad \text{e} \quad Q = S \times V$$

Eis que o aluno Adão, um dos alunos mais inteligentes e polêmicos,[1] falou, para surpresa de todos:

> *– Eu não acredito que a vazão num tubo ou num canal dependa da declividade...*

Era uma confrontação ao mestre, que tinha mostrado aos alunos, com toda a clareza, a equação do Chesy, que mostrava essa verdade. O mestre declarou, já bem irritado:

> *– No mundo inteiro se usa essa equação no projeto de canais, canais que funcionam com sucesso. Várias obras estão prontas e em funcionamento, transportando a sagrada água [apelação religiosa do mestre], e você não acredita, Adão...*

Adão ficou em silêncio e, com toda a calmaria, calmaria que no mar prenuncia algo que antecede uma tempestade, falou:

> *– Estou em dúvida. Vou estudar e na próxima aula poderei expor minha ideia de que a vazão num canal nada tem a ver com a declividade...*

---

[1] Adão contara para todo mundo e para os professores que era ex-seminarista e que abandonara o Seminário por discordar de certas afirmações de Santo Agostinho e São Tomás de Aquino.

Dali a dois dias o professor voltou a dar aula, e todos esperavam pelo ataque do Adão. Adão, já no início da aula, pediu para falar, e falou com a fúria sacrossanta de Santo Agostinho:

> *– Realmente, a vazão hidráulica, num tubo escoando em canal, nada tem a ver com a declividade desse canal. Se isso fosse verdade, poderíamos facilmente resolver a terrível seca do nosso Nordeste. Bastaria levar para vários locais do Nordeste uns dois ou três tubos, digamos, de 200 mm de diâmetro e incliná-los. Segundo a fórmula de Chesy, brotaria água, muita água, sagrada água, mas isso é um absurdo que ofende a Mãe Hidráulica...*

E Adão soltou seu torpedo maior:

> *– A fórmula, ou, se quiserem, a equação de Chesy, mostra a correspondência da inclinação de um canal não com a vazão, e sim com a capacidade hidráulica. A vazão depende da Mãe Natureza, e de nada adianta ter tubos bem inclinados, pois a vazão de água não surgirá do nada. Vazão é vazão, e não se confunde com capacidade... Essa é a minha opinião...*

O professor, querendo encerrar o assunto, declarou do alto de sua cátedra:

> *– Neste curso que eu dou, nunca ninguém reclamou. Para efeitos práticos, vazão e capacidade são a mesma coisa [!!!!!!??????], pois assim os livros ensinam, e vamos passar para outro assunto menos polêmico. Este, afinal, não é um curso de Filosofia...*

E acrescentou:

> *– Santo Agostinho e São Tomás de Aquino, com sua filosofia tomista, os dois que o Adão tanto cita, mandam na religião, e não na Hidráulica... Aqui quem manda é o Chesy, o Bernoulli, o Hazen e o Williams...*

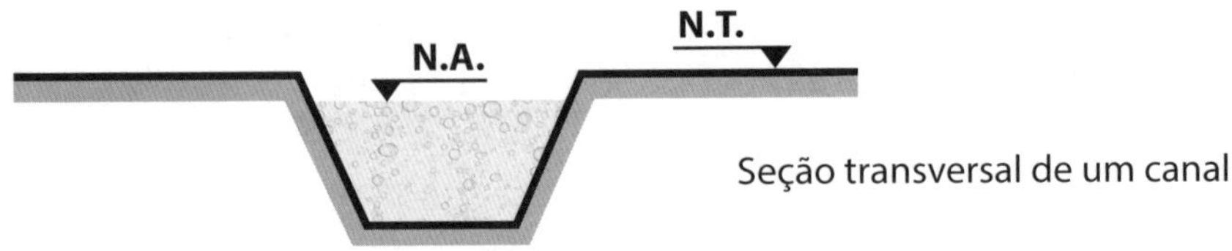

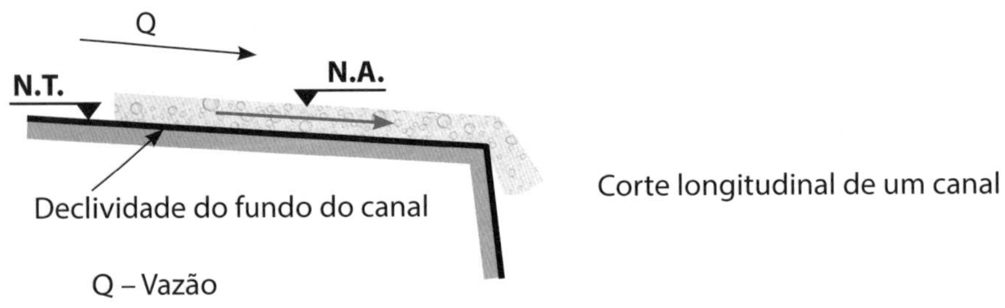

O que acha o caro leitor?

Nota

Adão, pela sua personalidade, tinha entre os colegas vários invejosos desafetos, que falavam:

> *"O máximo que o Adão sabe de Matemática, a rainha das ciências, é resolver equações do primeiro grau, e mesmo assim só quando a incógnita é X. Quando a incógnita é Y, ele não consegue resolver... E, se a incógnita for Z, periga ele ter um colapso cardíaco..."*

Maledicências, sem dúvida... Mas Adão tinha razão...

30. O misterioso tubinho saindo da parede interna de uma garagem

Um saudoso amigo, de nome Gimenez, competente engenheiro estrutural e autor do programa de computador Palcal, para cálculo e desenho, comprou aqui no bairro da Vila Mariana, em São Paulo (SP), uma casa sobrado, construída nos anos 1920-1930. É um belo sobrado, com três quartos e garagem inserida na estrutura da casa, como mostra a planta a seguir. Ou seja, uma garagem interna à edificação, permitindo que o automóvel, à noite, seja abrigado dentro da edificação.

Mal se instalou na casa como novo morador, Gimenez notou um pequeno tubinho saindo de uma parede da garagem. Qual seria a função desse tubinho? Apesar do colega Gimenez também trabalhar com projetos de instalações hidráulicas, nada podia lhe ajudar a entender qual a possível função daquele misterioso tubinho. Mas como decifrar o mistério? Gimenez usou, então, a "técnica da fumaça", teste muito útil para controlar a qualidade de tubos enterrados, de esgoto ou de águas pluviais. Inspirado nessa técnica, nosso colega injetou, usando os seus pulmões, fumaça de cigarro no tubinho saliente na parede da garagem e foi olhar por onde a fumaça saía. Não foi difícil descobrir. No *hall* de entrada da casa havia um pequeno armário embutido na parede, para guardar, naquela época, guarda-chuvas, capas e galochas (tipo de guarnição de borracha que envolvia sapatos em dias de muita chuva). Esses objetos guardados ali, em dias de chuva, escorriam água, que se acumularia no interior do armário. Pois a fumaça saía no fundo desse armário, mostrando, assim, que a água acumulada ali entrava no tubinho e ia escoar na garagem...

Era um detalhe, detalhe este que mostrava que a casa tinha sido concebida por alguém muito cuidadoso, preocupado com o acúmulo no armário da pouca água de chuva que guarda-chuvas, capas e galochas pudessem trazer. Graças a uma pequena tubulação (o tubinho), a água chegava até o piso da garagem, onde secavam ou escoavam para a frente da casa. Detalhes são detalhes!

Nota

Essa casa, construída nos anos 1920-1930, ainda ostentava nas suas fechaduras a famosa marca americana Yale. Classe é classe... A casa, que, aliás, tem um telhado estilo normando – telhado este celebrado na crônica do Capítulo 11 –, localiza-se, como eu já disse, no bairro da Vila Mariana, na cidade de São Paulo.

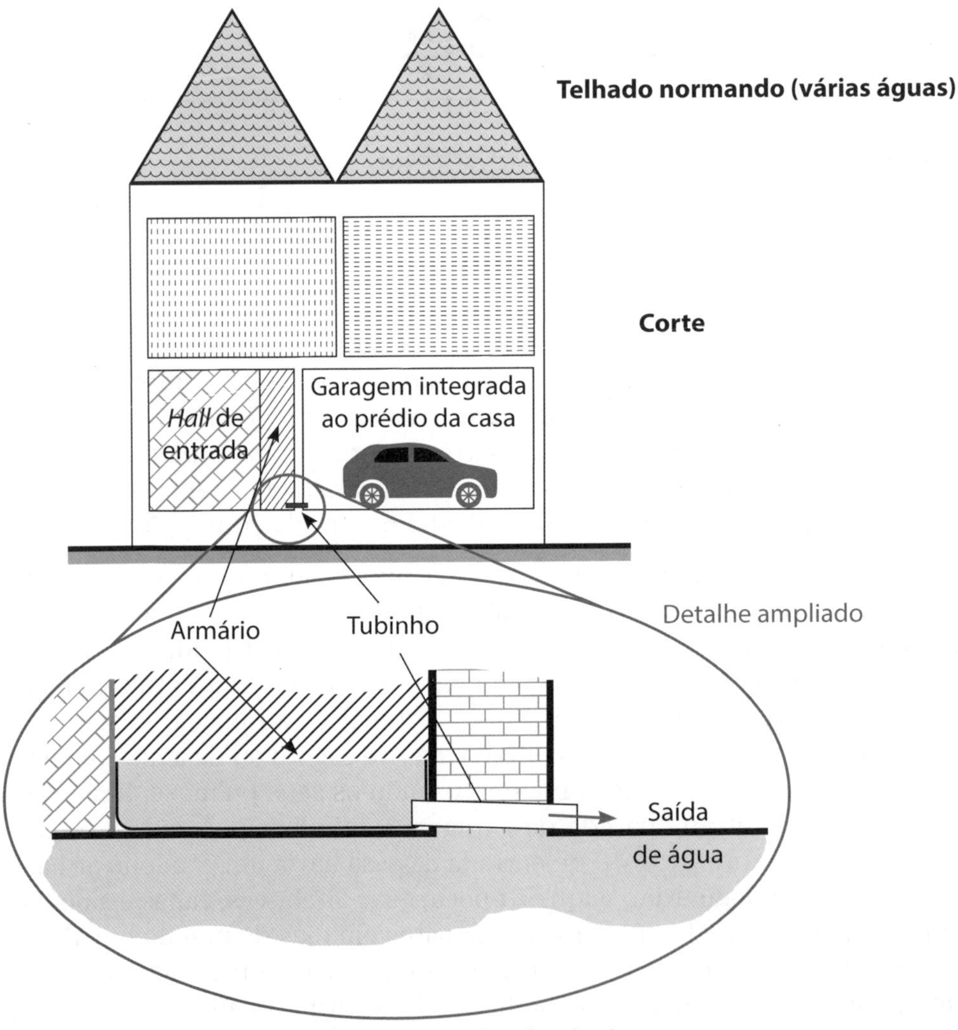

Detalhes do sobrado.

31. O aparelho hidráulico de previsões mágicas: o ludião

Um dos autores deste trabalho estava andando no viaduto Santa Efigênia, na cidade de São Paulo, local que inspirou o livro *Concreto armado, eu te amo,* quando viu uma roda de pessoas simples, possivelmente ***habitués*** do local, em volta de uma mulher que segurava um objeto de formato cilíndrico com uma altura de cerca de 50 cm e tinha ao seu lado, bem grande, um cartaz dizendo:

> Tia Dinorah. Faz previsões seguras sobre o seu futuro.
> Cada consulta = R$ 5,00

Foi no ano de 2018, e um dólar americano valia algo como R$ 3,00.

Certamente seria uma dessas mulheres que leem as mãos no centro da cidade.

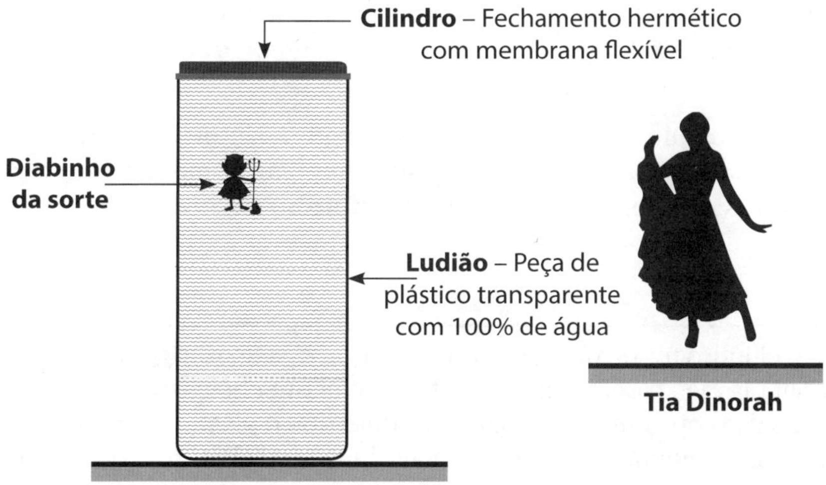

Ludião, tia Dinorah e o diabinho da sorte.

O autor se aproximou e viu que ela segurava um aparelho de formato cilíndrico com cerca de 50 cm de comprimento, de plástico transparente, totalmente cheio de um líquido (seria água?), fechado nas extremidades, e que tinha no seu interior um bonequinho imerso na água. A mulher chamava o bonequinho de **"diabinho da sorte"**. E esse bonequinho subia e descia dentro da água do aparelho, conforme ela mandava verbalmente, mas ela não acionava nada aparentemente que fizesse essa ascensão ou afundamento do **"diabinho da sorte"**. Aí uma pessoa pagou os R$ 5,00 e pediu uma previsão para a mulher, que rapidamente entrou em transe,[1] falou algo de forma trêmula e mandou o bonequinho subir para confirmar a previsão. O bonequinho, de forma autônoma (pensei eu, na minha santa ingenuidade), subiu dentro da água. O homem consulente saiu feliz com a previsão confirmada pelo bonequinho, e eu fiquei aturdido com o fato. Quem fizera o bonequinho subir dentro da água?

Fui para casa e procurei nos meus doutos livros de Mecânica dos Fluidos e Hidráulica, que eu estudara na Engenharia, e nada encontrei. Fui então a uma livraria sebo (alfarrabista) e procurei velhos livros, nos quais, dizem, estão os conhecimentos eternos. Encontrei um velho livro de Física do ano de 1927, da famosa e meritória coleção FTD, com a devida autorização de impressão "*Nihil obstat*", ou seja, em latim, "Nada proíbe a impressão deste texto". Logo, eu não estava estudando bruxaria. Que alívio... Bruxaria, aprendi eu, leva o coitado para o inferno...

O velho livro explicava o aparelho chamado de **ludião**. O equipamento cilíndrico de plástico (antigamente era de vidro) transparente cheio de água, totalmente vedado (fechado numa extremidade por uma membrana flexível) e com o bonequinho imerso que subia ou descia conforme a mulher, disfarçadamente, apertava a membrana do cilindro transparente de plástico. A pressão resultante da compressão hidráulica fazia entrar mais água dentro do bonequinho (o diabinho), que, na verdade, era uma cápsula com um buraquinho na sua parte inferior. Isso aumentava o peso do "diabinho da sorte" e este afundava. Bastava deixar de apertar o tubo de plástico totalmente cheio de água que o **"diabinho da sorte"** subia. Tudo explicado...

A seguir temos um velho desenho do aparelho. No desenho existe uma membrana flexível como peça de fechamento superior, garantindo, via variação de pressão, as manobras de subida e descida do **"diabinho da sorte"**.

Notas

1. Se o cilindro for de plástico, como uma garrafa de refrigerante, dado que o material plástico é deformável, e está totalmente cheio de água, basta comprimir o cilindro com a mão em qualquer ponto que o plástico se deforma e a pressão na água aumenta. Assim, entra mais água no diabinho, e ele então desce.

[1] Claro que a mudança da voz da Tia Dinorah fazia parte da encenação.

2. No passado, quando era mais difícil se achar cilindros de plástico, o cilindro usado era de vidro, totalmente cheio de água. Sua parte superior ficava totalmente aberta. Colocava-se aí uma peça de borracha facilmente deformável, de modo que uma força para baixo nessa peça de borracha aumentava a pressão na água, fazendo o diabinho descer. Quando se deixava de apertar a peça de borracha superior, diminuía a pressão na água e o diabinho subia, tudo em função do peso do diabinho, com mais ou menos água no seu interior.

Para a transmissão das pressões oriundas das deformações, o cilindro tem de estar totalmente cheio de água. Não pode haver bolhas de ar no seu interior.

Velho desenho do ludião.

32. Faltava água, no carnaval, no loteamento de alto padrão. Seria resolúvel o problema aplicando o Método Hidráulico dos Três Reservatórios?

Mais uma bela casa está começando a ser terminada em um loteamento de alto padrão. O local não me lembro onde era. Teresópolis, Bragança, Petrópolis ou Mairiporã podem ser os locais. Quando se aproxima o fim da obra, o bom vizinho do lado dá um sorrisinho e alerta:

– Está na hora de chamar o Seu Luizinho da prefeitura. É o homem que registra e lança no cadastro fiscal da prefeitura o padrão da obra para depois se fixar o imposto predial. Dizem que é necessário falar com ele e dar um jeitinho, porque senão o imposto predial vira uma extorsão!!!

Artigo publicado originalmente na revista *Engenharia*, do Instituto de Engenharia, São Paulo, n. 508, p. 60-61, 1995.

Mas parece que nem precisaram chamar o funcionário, pois este, solícito, veio falar com o proprietário da casa em final de construção, mesmo sendo domingo. Mostrou que a prefeitura tinha impostos altíssimos, verdadeiramente extorsivos para casa com bom padrão, mas que ele, como lançador de impostos, podia enquadrar a casa num nível mais adequado e justo (alerto que "adequado e justo" foram palavras do lançador, e não deste cronista, que só relata o que ouviu sobre o fato). O dono da casa, engenheiro com um passado de posições firmes perante a vida, bem que vacilou, mas até os vizinhos insistiram que ele aceitasse "o enquadramento a menor", pois se só ele quisesse enquadrar sua casa num padrão mais alto, caso único no loteamento, poderia ser um indício na prefeitura de que nesse loteamento saindo fumaça, pode haver fogo. E, convenhamos, chega de ser herói solitário, afinal, "la guerre c'est fini...". Graças ao diligente funcionário municipal, e a um presentinho, ia me esquecendo, a casa de cinco quartos e piscina foi qualificada como construção rústica familiar com tanque de água para prevenir a falta do precioso líquido.

Até aí tudo rotina nesse loteamento de alto nível junto a uma reserva florestal com um acesso único para os proprietários e seus felizes convidados, exceto que a história do precioso líquido aconteceu de verdade. O loteamento era servido de água por uma construção feita pelo incorporador dentro da área da reserva florestal, barrando com pedras um córrego e com tubos de plástico abastecendo com água bruta, não poluída, os cento e trinta e cinco lotes do loteamento. No início da implantação do loteamento o sistema bem que funcionou, mas, com a construção de todas as edificações, a água, ou melhor, o precioso líquido começou a faltar, por incrível coincidência, nos dias de maior uso do loteamento, como: Carnaval, Semana Santa, Natal e outros fins de semana prolongados.

Estamos agora na casa do Sr. Gert, um dos moradores que recebe vários vizinhos para discutir o problema. A sala de reunião tem a sagrada lareira e mostra escudos da família. São oferecidos canapés e vinho do Reno servido em taças de cristal mal lavadas, pois usou-se água mineral para diluente das sujeiras. A razão do não ótimo estado sanitário das taças é exatamente o tema da reunião, ou seja, a falta do precioso líquido. Inicialmente calma, com a chegada de alguns vizinhos mais exaltados a reunião pegou fogo. Todos queriam dar seus depoimentos de como a falta de água estava mudando as rotinas das famílias. Depois que vários falaram sobre o óbvio da falta de água, um proprietário, engenheiro, teve a ousadia de mostrar que alguma coisa estava errada em se ter vinho do Reno e não se ter água da serra... Felizmente alguém o interrompeu e alertou para não se discutir filosofia, e sim resolver a questão da água.

Iniciou-se então a segunda fase da reunião, com ataque aos potenciais culpados. Seguindo implacável lei humana que diz que é sempre o culpado uma pessoa próxima, foi acusado o morador Seu Antonio, por não saber usar sua piscina e jogar toda semana água fora ao invés de tratá-la. O Seu Antonio respondeu que isso acontecia pelo fato de o seu zelador não conhecer nada de Química (deficiência da mão de obra brasileira), mas que o fato ocorria no final de cada período de estada, sendo isso dificilmente, ele achava, o culpado da falta de água. Ninguém estava acreditando quando o engenheiro presente (aquele que trazia assuntos filosóficos à reunião) abonou a explicação ao mostrar que, sendo o sistema de água sem reservatório de acumulação e, portanto, a tomada de água do tipo "fio de água", usos exagerados de água fora do período de veraneio não interferiam em nada no atendimento do pico de demanda dos fins de semana comuns ou prolongados. Frustrado o primeiro ataque, o segundo culpado possível era o incorporador do loteamento, que, apesar de ter cobrado fortunas na venda de lotes, dizem, não investiu quase nada no serviço de água. Quando essa tese ia ganhando corações e mentes dos participantes, um dos presentes, que era sobrinho do dono do loteamento, ponderou que o estudo da água fora feito admitindo-se uso racional das edificações e que isso não estava ocorrendo, pois casas com quatro quartos tinham nos fins de semana até vinte e tantas pessoas, e que nenhum serviço de água aguentaria essa demanda...

Como o fato acontecesse de verdade, ninguém insistiu no ataque e passou-se a procurar um novo bode expiatório. Bastou haver um momento de silêncio que o engenheiro filósofo voltou com suas ideias:

- O sistema hidráulico é indiscutivelmente insuficiente para atender ao pico da demanda. Como interessado, pois aqui sou morador com minha família, estou disposto a fazer gratuitamente o projeto da ampliação do sistema hidráulico. Usarei para isso a teoria hidráulica dos três reservatórios, pois posso associar grupos de casas à demanda de reservatórios. Como resultado dos estudos, a rede de água terá que ser reforçada e proponho para isso que nos unamos financeiramente e criemos um condomínio que será o responsável pelos custos de ampliação e custos de operação desse novo sistema. Quanto ao córrego, tudo bem, ele tem vazão mais que suficiente...

Bastou alguém falar em condomínio, despesas e, principalmente, despesas de operação, que são intrinsecamente eternas, que a reunião foi ao clímax. Ouçamos as opiniões que resultaram da, digamos assim, inesperada intervenção do engenheiro.

De um morador, atacadista de distribuição de remédios:

> *– Quando comprei meu lote disseram-me que era um loteamento sem condomínio e eu fiz constar isso na escritura. Logo, eu tenho direitos adquiridos. Compro a larga e sem restrição água mineral engarrafada, mas não pago condomínio principalmente para custear obras eternas como custos de operação...*

De um outro morador, grande advogado:

> *– Sou um dos usuários que menos usa o loteamento. Só pagaria se fosse condomínio "per rata tempore", instituto jurídico que a*

lei estadual dos condomínios não contempla. Assim, apenas por razões de mérito jurídico, sou obrigado a ser contra.

Logo a reunião convergiu com uma única exceção (o engenheiro) para a rejeição da ideia condominial, restando apenas um pequeno problema:

– E a água???

Alguém então lembrou:

– E o governo??? Afinal, somos também cidadãos com direitos jurídicos...

Outro foi ao seu favor:

– Será que sobrou algum dinheiro no Fundo Social de Emergência do Governo Federal? Afinal, água é assunto de emergência social, mesmo para pessoas de algum poder aquisitivo (vários presentes deram disfarçadamente seus sorrisinhos da expressão "algum poder aquisitivo")...

Um terceiro ponderou:

– Nosso pleito seria justo, mas junto ao Governo Federal não dá. Dizem que ele está quebrado. Quem sabe no Plano Estadual de Saneamento...

Agora um outro morador jogou água na fervura:

– Conheço esse plano. Ele tem um cronograma de uso ligado a cidades que já pleitearam seus recursos. Se depender desse plano, vamos esperar vários anos, embora eu também ache que nosso pleito é justo, pois nossas empresas empregam muita gente e somos alavancas, ou melhor, locomotivas da sociedade... Mas, realisticamente, esperar por verbas estaduais não adianta...

Aí alguém lembrou: e a prefeitura??? Num uníssono, todos se uniram para atender ao brado de guerra de que "não moramos num país, não moramos num estado, moramos, sim, numa cidade". Insuspeitadas vocações municipalistas começaram a aparecer e um dos presentes pôde até soltar umas farpas:

– Quem sabe a Prefeitura pode até usar o estudo do nosso engenheiro que simula nossa rede de água ao modelo dos três reservatórios...

Quando tudo convergia em santa paz, o engenheiro voltou a tomar a palavra...

> – *Quando se fala da entidade "prefeitura" vocês estão se referindo àquela entidade para a qual todos nós contribuímos via solução do Seu Luizinho???*

Silêncio na reunião.

Assim não dava. Com um desmancha-prazeres assim não se estimula o convívio social. Talvez por isso o engenheiro não foi convidado para outras reuniões.

O tempo passa.

A água continua a faltar no loteamento. Nos fins de semana, por sorte de alguns, em altas madrugadas aparece por lá, por várias vezes, o caminhão-pipa da prefeitura e veem-se executivos de multinacionais e outros correndo e brigando entre si e fazendo lances leiloeiros para o pobre do caminhoneiro descarregar água numa e não em outra casa. Por alguns momentos, o pobre do funcionário que trabalha até de madrugada tem nas mãos a "felicidade" e esta é implorada por seres que ganham por mês centenas de vezes o que ele ganha. É, todo mingau tem seu dia de araruta.

Os problemas agravam-se.

Antes os inimigos eram os outros. Agora os inimigos somos nós mesmos...

Alguns moradores da zona baixa instalaram várias bombas ligadas à rede e conseguem assim ter água, e os da parte alta, em justa represália, estão chegando ao ponto de danificar a rede, obstruindo-a para poder receber o sagrado líquido.

Assim foi por alguns anos.

Mas parece que as coisas começaram recentemente a mudar. Na última reunião da recém-criada Sociedade de Amigos do Loteamento "Real Park", aprovaram uma verba mensal (mas não condominial) de melhoria. Oitenta por cento dos moradores estão pagando, pois descobriram que não há outra saída. Parece que a ampliação da rede de água seguiu a orientação do estudo do engenheiro... Só que o engenheiro não mora mais lá e não pode dar um justo sorriso de quem vê algum retorno por acreditar, por mais difícil que seja, em coisas maiores...

*

Explicação do Método dos Três Reservatórios

Um conhecido e muito útil assunto da Hidráulica é o chamado "Método dos Três Reservatórios". Assim, seja o exemplo com o desenho a seguir, referente a um sistema de abastecimento de água com três reservatórios em cotas altimétricas diferentes:

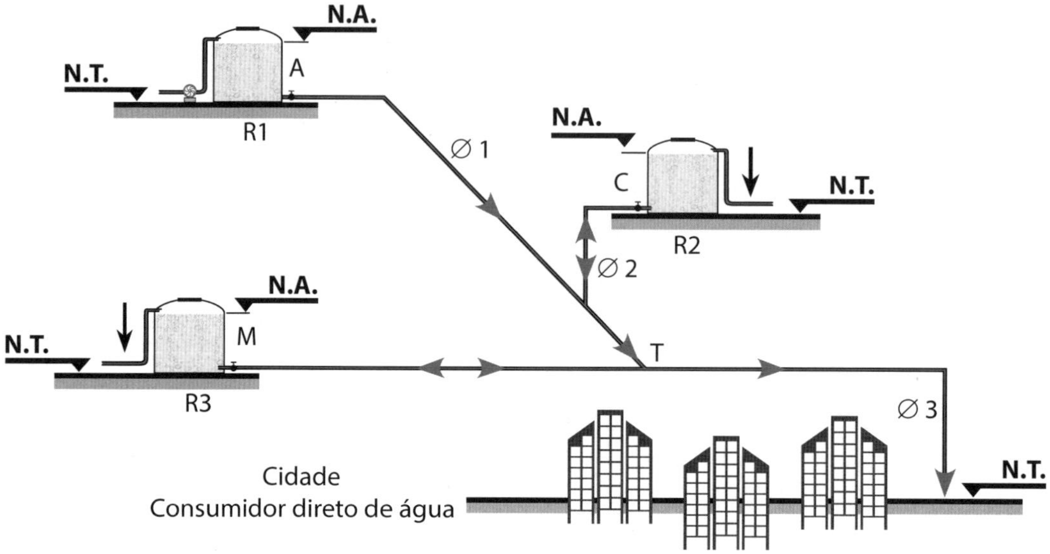

Não há dúvida de que a água sai do reservatório R1 e chega, no seu final, na cidade. Mas e quanto aos reservatórios R2 e R3? A água, em cada situação altimétrica, entra ou sai de cada um desses reservatórios?

No caso do reservatório R1, a verdade é:

> *A água chega por um sistema externo e a água sempre sai desse reservatório, e nunca volta... E na cidade a água só chega e também nunca volta...*

Tudo dependerá das cotas de água dos três reservatórios, e o método permite saber.

33. Por que nossas cidades não têm sistema de esgotos?

Cena n. 1

Alemanha, 1944. As tropas aliadas já estão invadindo território alemão. Surpreendentemente, nessa época a produção industrial de guerra nazista alcança o seu máximo.

Como pode um país invadido, com rotas de abastecimento bloqueadas, alcançar o máximo de produção industrial num setor tão integrado e tão sofisticado como a produção bélica (aviões, tanques, canhões etc.)?

Simplesmente porque o país foi convencido (sabemos nós com que métodos) de que isso era o melhor (?) para a Alemanha e se mobilizou para isso.

Cena n. 2

São Paulo, década de 1970. Na rodovia Castelo Branco, Zona Oeste da cidade de São Paulo, instala-se um loteamento sofisticado para a classe média alta (Classe A). Esse loteamento foi lançado, entre outras, com as seguintes melhorias: ruas pavimentadas; rede de água; arborização; sistema telefônico; coleta de lixo; rede de energia elétrica; clube esportivo; guarda privativa motorizada e com rádio.

Qual o único melhoramento que não tinha?

Rede de esgoto sanitário. Face a isso, cada morador é obrigado a guardar e tentar infiltrar no seu terreno suas fezes e urinas.

Artigo publicado originalmente na revista *Engenharia*, do Instituto de Engenharia, São Paulo, n. 457, 1986.

Por que esse loteamento não teve implantado o sistema de esgotos na sua gleba inicial? Tentemos resolver esse problema por meio de perguntas e respostas.

Será que a tecnologia da rede de esgoto é muito sofisticada?

Não, ela é simples.

Será que a tecnologia de rede de esgoto é privativa de alguma multinacional que não libera a caixa-preta do seu *know-how*?

Não. Constrói-se rede de esgoto desde a Babilônia.

Será que o sistema de esgotos é muito caro?

Não. É comparável em custo com o sistema de água, e bem mais barato que o sistema telefônico ou o sistema elétrico. Para provar isso basta olhar as contas domiciliares mensais de cada serviço.

Então por que esse loteamento Classe A na sua 1ª gleba não teve sistema de esgotos?

Simplesmente porque a nossa civilização não valoriza a importância da saúde, principalmente a saúde pública. Como não valoriza o empreendimento, o loteador não investiu nisso. Investiu no que os potenciais compradores valorizariam.

Como prova do desinteresse pelo assunto saúde, destaco que seguramente o leitor deste artigo sabe, e bem, se na sua casa hoje tem água, se o seu telefone está funcionando e se no seu bairro estão coletando lixo. Mas será que o caro leitor sabe com certeza para onde vai o esgoto de sua casa? Irá ele para um sistema público ou é lançado (irregular e clandestinamente) para a rede pluvial? Se o seu esgoto vai para a rede pública, descarregará essa rede pública em uma estação de tratamento ou esse esgoto terá destino em um dos córregos que cruza a cidade?

Dentro desta linha de raciocínio, ouso atribuir a falta de rede e tratamento dos esgotos de nossas cidades a uma opção de nossa cultura. Nós não valorizamos esse serviço.

Esta minha tese de que nossas cidades não têm rede e tratamento de esgoto por não quererem será intensamente criticada por eu não abordar os aspectos de custo, a economicidade da questão. Minha tese seria, pois, idealista e simplista.

Permito-me responder a essa questão com as duas últimas cenas deste trabalho.

Cena n. 3

São Paulo, 1985. Condomínio de casas-chácaras na Zona Sul da cidade de São Paulo. Esse conjunto é um condomínio fechado para a classe rica, classe AA. As casas dessa chácara não têm rede de esgoto e os esgotos não infiltrados no terreno começam a poluir paradisíacos e bucólicos lagos internos dessa florida chácara. Por ser um loteamento particular, a agência estadual de saneamento corretamente quis cobrar para implantar nessa área privada a rede de esgoto que drenasse sanitariamente o local.

A ideia dessa entidade de implantar a rede de esgoto na área cobrando dos condôminos foi rejeitada. O valor da cobrança foi considerado excessivo pelos moradores, classe AA.

Cena n. 4

São Paulo, década de 1950. Implantam-se em São Paulo o Conjunto Residencial dos Bancários (rua Santa Cruz), o Conjunto Residencial da Cidade Vargas para comerciários e o Conjunto Residencial do Caxingui para funcionários públicos estaduais.

Nesses três empreendimentos habitacionais destinados à classe média baixa, os conjuntos eram dotados de rede de esgoto e tratamento secundário de esgotos (na Cidade Vargas a estação funcionou até 1980).

Comparemos: na Cena n. 3, a chácara classe rica AA, em 1985, recusou-se por aspectos de custos a ter rede de esgoto. Na Cena n. 4, os três conjuntos habitacionais para a classe B-C puderam ter, trinta anos antes, sistema modelar de coleta e tratamento de esgoto.

Sistemas de esgoto (rede e tratamento) são viáveis. Basta nós querermos. Mas nós não queremos.

Nota

O presente texto fez parte do debate “Diálogo Postal”, promovido pela Divisão da Engenharia Sanitária do Instituto de Engenharia. Como fruto desse debate o Instituto recebeu mais de vinte pareceres de colegas de todo o país. As conclusões desse “Diálogo Postal” serão publicadas proximamente pelo Instituto de Engenharia.

34. Perguntas e respostas de um concurso do ano de 1987

Um treinamento crítico, iluminando temas que talvez tenham ficado algo não bem compreendidos na leitura de textos convencionais sobre Hidráulica.

Perguntas

Pergunta n. 1

Seja um reservatório cheio de água e sejam dois pontos M e N no mesmo nível de água desse reservatório, dos quais saem vazões diferentes. Explicar as possibilidades.

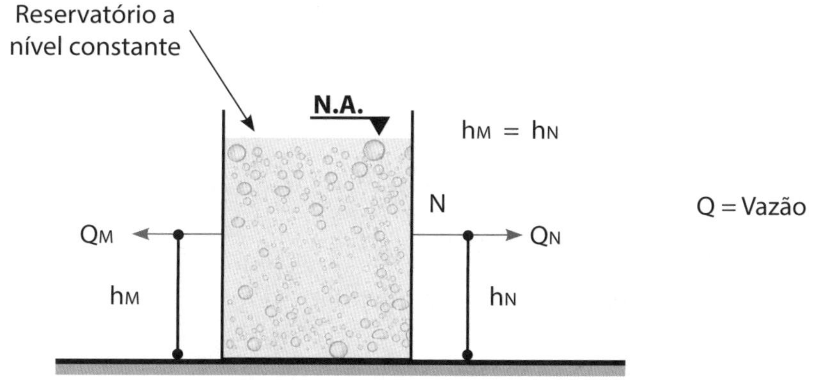

Seja $Q_M > Q_N$, e saem de pontos no reservatório que têm a mesma pressão hidráulica, ou seja, estão no mesmo nível. Na saída de cada ponto (nesse caso, o ponto N), há uma válvula reguladora de vazão.

Como pode?

Pergunta n. 2

É sabido que inúmeros rios da bacia Amazônica, no trecho brasileiro, têm suas vazões aumentadas pela água do degelo da neve da cordilheira dos Andes. Nos rios principais que sofrem esse fenômeno, as suas vazões podem aumentar de 30% a 40% da vazão antes do degelo.

Saiamos da Bacia Amazônica.

Pergunta-se: onde se localizam corpos de água brasileiros, bem distantes, mas bem distantes mesmo da bacia Amazônica, que têm suas vazões aumentadas de mais de 100% também por degelo de neve? O leitor vai se surpreender!

Pergunta n. 3

Para caracterizar limites e territórios, costuma-se definir para fronteiras de estados e municípios os seguintes possíveis elementos:

a. Rios, córregos, arroios (termo gaúcho) e o mar.

b. Divisores topográficos de altura (pontos altos), como a serra da Mantiqueira, dividindo os estados de Minas Gerais e São Paulo.

c. Linhas geográficas definidas por pontos notáveis, ângulos e distâncias.

O Brasil usa os três elementos **a**, **b** e **c** para definir limites estaduais, e o Brasil e alguns países-limite também usam as linhas geográficas, além dos outros dois elementos.

Pergunta: em que casos, no Brasil, foram usadas linhas geográficas, que são linhas virtuais, ou seja, não têm existência física?

Respostas

Pergunta n. 1

Possibilidade 1: do ponto M, o orifício é de maior diâmetro que o diâmetro do orifício do ponto N.

Possibilidade 2: existe, na saída em N, uma peça de regulagem que causa maior perda de carga que a peça de regulagem instalada em M.

Pergunta n. 2

Isso acontece no inverno nos estados do Paraná e Santa Catarina, quando (esporadicamente) neva, e o aumento gigantesco de vazão ocorre em pequenos fios de água ou córregos. Quanto ao termo “aumento gigantesco de vazão”, ele se explica pelo fato de que, na seca, a vazão nesses fios de água é diminuta, quase nula.

Pergunta n. 3

Por falta de conhecimento dessas regiões no passado (eram regiões de selva fechada e inexploradas), nos estados do Pará, Mato Grosso e Amazonas, foram usadas para definir limites estaduais as **linhas geográficas**.

Curiosidade

A ilha da Trindade, região marítima do Espírito Santo, não tinha sinal de posse, embora fosse, por tratado internacional, reconhecida como território brasileiro. Para garantir a posse, se é que isso se garante, foram instalados, no século XIX, grandes marcos de pedra com inscrições, definindo que a ilha era brasileira. Hoje, nessa ilha, existe um posto de observações meteorológicas da Marinha brasileira.

35. A prensa hidráulica e o pé de cabra. Resolvendo, por analogia funcional (!!!), uma oclusão didática (!!!)

Relatamos um caso ligado à troca de experiências sobre o tema **Hidráulica**. Um leitor, cujo nome começa com **A**, morador do estado de São Paulo, mandou o seguinte e-mail para os autores deste texto, ainda na fase de criação e produção deste livro (pois existiu uma "edição zero", para receber comentários).

> *"Colegas autores:*
>
> *Entendo bem o funcionamento hidráulico predial e, portanto, domino os conceitos de vazões, pressões. Todavia, um dia vi um texto sobre uma tal de prensa hidráulica que diz que usa os conceitos fundamentais da Hidráulica, mas não entendi nada. Como a prensa hidráulica consegue multiplicar forças? Teria ela algum motor? Pois, convenhamos, sem motor não acredito que ela funcione, podendo, por exemplo, suspender em uma certa altura um automóvel. Peço que me expliquem..."*

Segundo orientação realista de um famoso professor que sugeriu aos autores sempre colocar no mínimo um exemplo de palavra sofisticada no título para impressionar. Oclusão significa algo como bloqueio, fechamento...

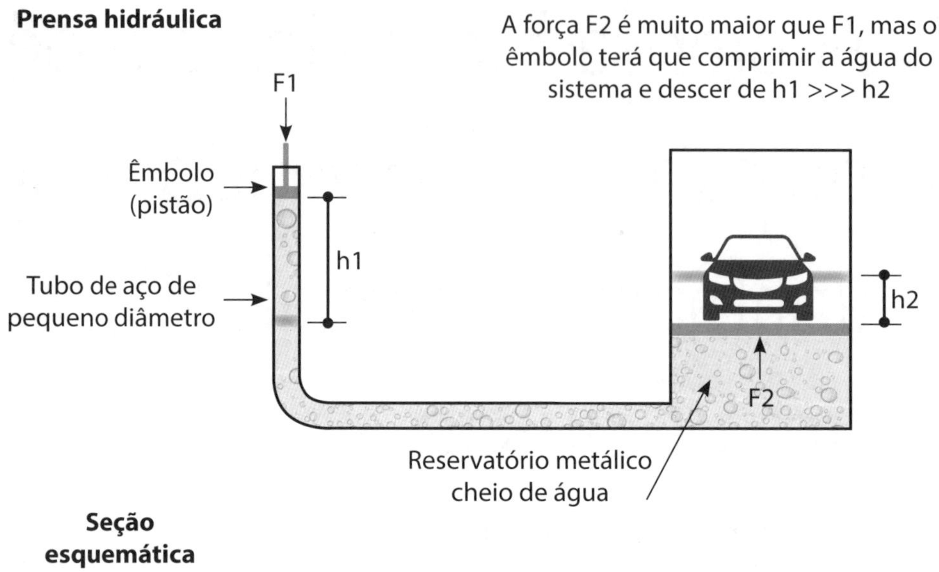

Prensa hidráulica.

O e-mail caiu nas mãos do autor MHC Botelho, que, depois de consultar dois livros de Física para rever conceitos, sentiu-se dono da situação e respondeu ao leitor **A**, certo de que, com isso, o leitor **A** entenderia o conceito e o equipamento **"prensa hidráulica"**. Não se passaram dez dias e outro e-mail chegou, no qual o leitor **A** dizia que continuava sem entender algo aparentemente tão simples e fundamental. Afinal, na resposta que dera, o autor MCB explicara, até com um croqui, como o equipamento funcionava, ou seja, como levantar grandes pesos sem grandes esforços, ou como criar grandes pressões, acionando, por exemplo, uma prensa – e tudo isso sem motor, de qualquer tipo que fosse.

O autor consultou, então, um terceiro livro de Física, procurando um novo caminho didático para explicar o caso, mas notou que iria responder pelo mesmo caminho didático que já usara e, portanto, talvez persistisse a dúvida do leitor que achava que havia um motor, talvez de pequeno porte, lá dentro da prensa hidráulica, bem escondidinho...

MHCB, vendo que precisava procurar novos rumos de técnica de ensino, do tipo ***"mares didáticos nunca dantes navegados"***, como diria Camões, foi se aconselhar com a comunicadora Maria Angélica, que, embora nada entendesse de tecnologia de engenharia, muito entendia de ciências humanas.

Exposto o assunto à comunicadora, esta respondeu:

> *"Face ao insucesso da sua explicação ao seu consulente, podemos estar diante de um caso chamado em Alta Pedagogia de oclusão didática*[1] *do leitor consulente. Destaco que é difícil levantar e*

[1] Na Alta Pedagogia Inglesa, estilo "Liverpool University", chamada de *English didactic occlusion.*

explicar oclusões didáticas. Uma ideia seria usar a ferramenta pedagógica chamada de 'analogia conceitual'.[2] *Mas você, caro MHCB, não tem formação em ciências humanas e talvez por isso você não consiga entender."*

MHCB ficou então sem saber como responder ao leitor **A**, pois, realmente, de "analogia conceitual" nada entendia. Um dia, porém, lembrou-se do famoso padre jesuíta Antônio Vieira, da época do Brasil Colônia. O padre Vieira, que era meio burrinho, um dia teve um estalo, o famoso **"estalo de Vieira"**, e então passou a ser inteligentíssimo, chegando até a sofrer problemas com a Santa, sempre Santa, Inquisição...

Eis que MHCB teve um "estalo de Vieira", agora no campo da Física e da Pedagogia, ao ver um exemplar de um pé de cabra – ferramenta que a seguir se explica.

Seja um pé de cabra, útil ferramenta usada principalmente por hábeis e laboriosos ladrões (!!!!!) para arrombar portas, janelas, cadeados e outras peças de segurança. Vejamos a seguir um croqui de um pé de cabra.

Pé de cabra – multiplica a força aplicada.

MHCB lembrou do seu curso de Física e do que havia relido nos dois livros citados dessa matéria, que sumariamente entendeu.

"Com uma força F diminuta, o pé de cabra, encaixado num prego, gira, descrevendo um grande ângulo alfa. Face a isso, o prego é puxado para cima, saindo da pregação. O prego, com isso, sobe alguns milímetros, saindo da madeira. Ou seja, o pé de cabra, sofrendo o giro de um grande ângulo, motivado por uma força F diminuta, arranca com uma força bem grande o prego da sua pregação. Há, pois, um grande aumento na força. O fato é que o

[2] No mundo da Alta Pedagogia, chamada de *conceptual analogy*, embora, por rivalidades pessoais, haja correntes mais ortodoxas, contrárias à sua aceitação.

aumento da força é enorme, mas há um preço, que é o fato de o pé de cabra muito ter de girar."

O pé de cabra é o que chamamos de "máquina simples", que transforma um tipo de energia em outra, mas não acrescenta energia ao sistema, ou seja, não tem um motorzinho auxiliar.

Aí está a explicação, um "estalo de Vieira". Vale sempre, conceitualmente:

$$E1 = E2 \text{ e } F1 \times L1 = F2 \times L2$$

em que E1 é a energia inicial, E2 é a energia na situação final, F1 é a força na extremidade reduzida do pé de cabra, L1 é a altura de subida do prego, F2 é a força na extremidade do pé de cabra e L2 é o valor do comprimento do giro.

Vamos agora entender a prensa hidráulica. Veja novamente o desenho da prensa no início do capítulo.

A força F2 é muito maior que a força F1, mas o êmbolo terá que comprimir a água e descer de h1 para h2, e h1 >>>> h2.

Atenção: o símbolo >>>>> significa "muito maior".

Ou seja, trata-se de uma máquina simples em que há uma transferência de energia sem precisar adicionar energia externa. Isto é: o acusado motorzinho não existe.

Uma tesoura faz o mesmo. Idem uma bicicleta. São outros exemplos de máquinas simples.

Nas oficinas mecânicas, para tirar o motor de um automóvel, usamos uma roldana do tipo móvel (talha), de modo que o esforço de levantamento do motor é muito pequeno, mas teremos que puxar a corrente por um valor muito maior que a altura que elevamos o motor.

Tudo claro, leitor **A**?

Fim da "oclusão didática" usando a "analogia conceitual", ou seja, a "analogia conceitual" compara o funcionamento do pé de cabra com a prensa hidráulica, no fundo o mesmo fenômeno.

Grato pela aula, senhora comunicadora.

Caro leitor:

Se você entendeu, pegue uma simples tesoura e veja que você coloca a peça a cortar perto do eixo e sua força nas extremidades dos braços da tesoura. Acontece a multiplicação de força. Em troca, o corte é de alguns milímetros e o movimento dos braços da tesoura é de vários centímetros.

Nota complementar

Façamos uma analogia com o famoso conjunto de polias, uma fixa e **n** outras móveis. Com esse conjunto, consegue-se com facilidade elevar peças de grande peso, como um automóvel. Usando-se **n** polias móveis, consegue-se dividir a força de elevação pelo fator:

$$\mathbf{2^n}$$

No caso de **n = 3**, o fator será $\mathbf{2^3 = 8}$. Assim, o peso necessário é **8** vezes menor, mas a corda terá **8** vezes mais comprimento do que a altura levantada. Essa é uma máquina simples, como a prensa hidráulica.

As figuras a seguir mostram uma aplicação de polias para reduzir a força necessária para levantar um objeto.

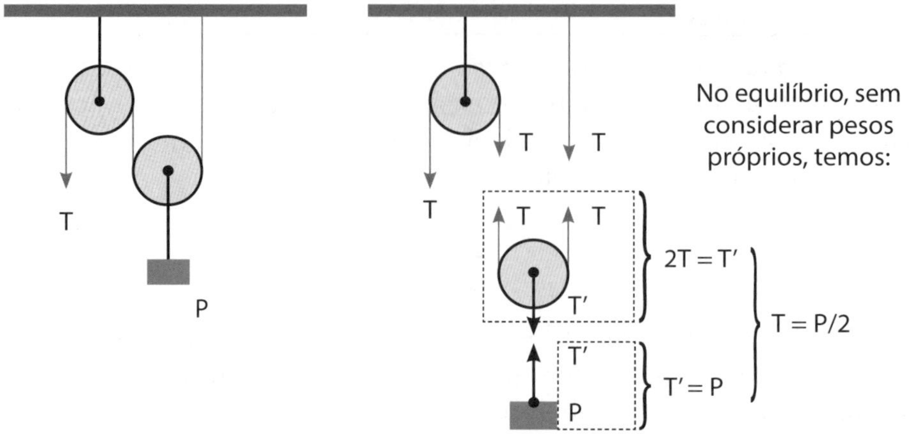

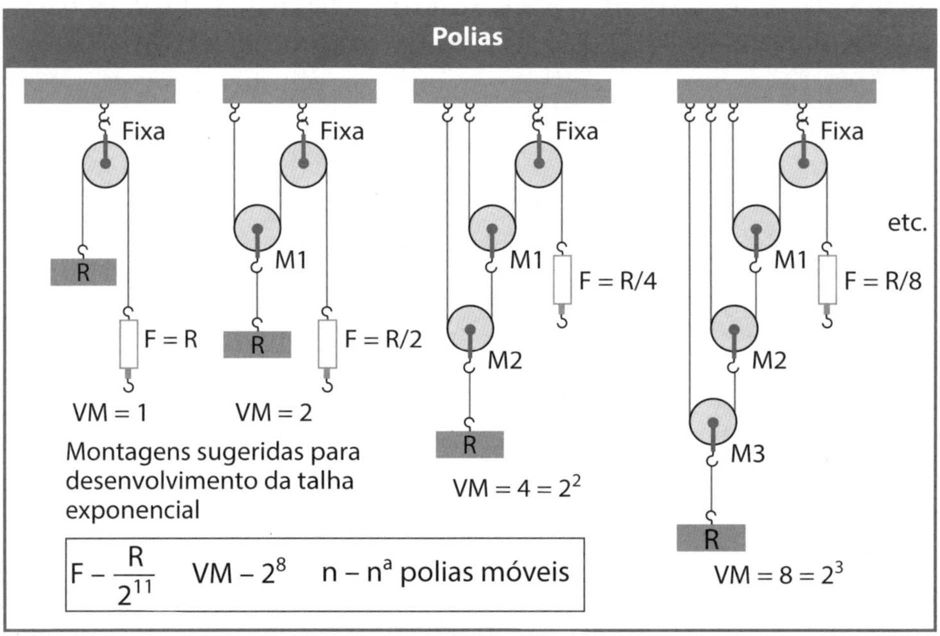

O **alicate** e o **quebrador de nozes** também são máquinas simples. O esforço é multiplicado virando esforços enormes, e veja como são grandes os braços desses equipamentos.

36. A história pouco contada das "penas de água", usadas até um passado recente em cidades de pequeno porte populacional. A maldição dos hidrômetros

Até a década de 1960, os seus serviços de água da esmagadora maioria das cidades de pequeno porte populacional faziam parte dos serviços das prefeituras. Esses serviços não tinham hidrômetros nos pontos de consumo para medir e depois cobrar o consumo da água fornecida. O que acontecia era que as residências e os comércios pagavam taxas fixas mensais e, portanto, independentes do consumo mensal. A população tinha horror de uma cobrança da água em função do consumo realizado, fato que só poderia acontecer se existissem hidrômetros em cada ponto de consumo. Havia então um princípio:

"Prefeito que instalasse hidrômetros perdia a próxima eleição..."

Com a "não medida" do consumo da água nas residências ou nos pontos de comércio, o consumo de água era enorme e descontrolado, assim como eram eternas as discussões sobre o fato de os moradores das zonas baixas da cidade, onde a pressão hidráulica era maior, conseguirem consumir muito mais volume de água do que os moradores das zonas altas, onde imperava a regra de só ter a água chegando à noite, assim, só de noite se tomava banho e se faziam limpezas que usassem água.

Aí espalhou-se uma ideia genial. Para combater o uso exageradíssimo de água, instalar um equipamento chamado de "pena de água" – e, aqui, "pena" é punição mesmo. Explica-se: na época, havia poucas alternativas de tubulações hidráulicas, e se usava na entrada de cada ponto de consumo um diâmetro de tubo, mas esse diâmetro era enorme para o uso, de modo que, se o usuário não fosse consciente, era possível deixar entrar muita água, principalmente nas zonas baixas da cidade. Se houvesse no mercado tubos de menor diâmetro, o uso abusivo seria limitado, mas esses tubos de menor diâmetro não existiam. Nascia assim a "pena de água", uma singela peça metálica, instalada na entrada de água, com um orifício central, ou seja, uma legítima perda de carga que limitava a vazão de entrada de água em cada ponto de consumo.

Pena de água.

Com a "pena de água" restringia-se a entrada de água, isto é, deixaria de acontecer o fato de entrar muita água no ponto de consumo. As penas de água, de pequeno custo, conseguiam de alguma forma limitar o consumo de água da cidade, principalmente nos pontos de consumo das partes baixas da cidade.

Mas surgiu um pequeno problema no uso das "penas de água". Em geral elas eram feitas em material metálico por simples fabricantes locais, e seus orifícios variavam no seu diâmetro de passagem, de maneira que havia penas que deixavam passar maior vazão e penas que deixavam passar vazões reduzidas de água. Somada a isso, havia a questão de que nas zonas altas a pressão hidráulica era menor, chegando então pouca vazão, e, como já dissemos, os coitados dos moradores desses bairros só usavam água à noite. Além disso, numa cidade, o único funcionário municipal que cuidava da rede colocava penas de água com diâmetro interno menor na casa das famílias das quais ele não gostava, e penas de água com diâmetro interno maior nas casas pelas quais tinha mais simpatia. Assim, ser amigo do prefeito ou de um vereador da situação política influenciava no relacionamento com o funcionário e, portanto, na instalação do tipo de pena de água, com maior ou menor diâmetro interno.

Esse, porém, não foi o único problema no uso da pena de água numa cidade de pequeno porte localizada no Sul do país. Essa cidade pegava água de uma lagoa: a água da lagoa passava apenas por uma caixa com grade e, depois de clorada com hipoclorito de sódio (quando tinha), era dirigida para o sistema de água. Acontece que a água da lagoa tinha muitos peixinhos que iam para o sistema de distribuição de água da cidade, e muitos desses peixinhos ficavam presos nas penas de água, impedindo que a água entrasse nas instalações das casas e das residências. Quando ocorriam essas falhas, era necessário chamar o único funcionário da Prefeitura, que conseguia retirar os peixinhos presos que causavam a falta de água.

Nota histórica

Conta a velha e importante revista ***RAE***, hoje a revista técnica da Sabesp, que até os anos 1940 os hidrômetros usados na cidade de São Paulo eram todos importados. Com a Segunda Guerra Mundial (1939-1945), foi impossível recebermos hidrômetros do exterior.

37. Uma frase histórica de Winston Churchill, explicando o funcionamento de uma casa de bombas hidráulicas da cidade de São Paulo

Uma frase histórica de Churchill e o saneamento paulista

Durante a Segunda Guerra Mundial, toda a aviação alemã foi abatida pelos caças britânicos durante a chamada Batalha Aérea da Inglaterra – e sem aeronáutica e sem marinha de guerra, a invasão alemã da ilha britânica tornou-se belicamente impossível. Constatado isso, o primeiro-ministro Winston Churchill concluiu que ganhara a guerra e declarou emocionado em respeito aos pilotos ingleses, vivos e abatidos, que venceram a Batalha Aérea da Inglaterra: "Nunca tantos [***todos os britânicos***] deveram tanto a tão poucos [*as centenas de pilotos ingleses dos Spitfires – avião inglês*]".

Foi uma das frases históricas de Churchill.

Voltemos agora nossa vista à Estação Elevatória do Guarapiranga no final dos anos 1960, com o Sistema Cantareira ainda na fase de construção. Na Estação Elevatória do Guarapiranga, doze conjuntos de motor bomba (Worthington e Ingersoll Rand), cada um com cerca de 1 m^3/s de capacidade, atendiam à cidade de São

Paulo e atendiam a mais de 80% do total de água aduzida. Só que esses grandes conjuntos de motor bomba estavam todos com as válvulas de pé quebradas ou com defeito e a bomba centrífuga com sucção, como era o caso, sem válvula de pé não funciona. A Comasp [Companhia Metropolitana de Água de São Paulo] estava nascendo, substituindo o velho DAE [Departamento de Águas e Esgoto]. Para resolver o problema dos 12 conjuntos elevatórios que atendiam a 80% da água de São Paulo, foram adquiridas três pequenas bombas de vácuo que eram utilizadas por meio de comandos e tubos para dar a partida alternadamente a cada uma das 12 enormes bombas.

E essas três bombas de vácuo, cada uma do tamanho de uma caixa de sapatos, eram assim pequenas pois sua única missão era por minutos succionar a água do poço de sucção, escorvando uma a uma. Com cada bomba escorvada, e mesmo sem válvula de pé, o sistema de bombeamento entrava em função normal.

Eu estava fazendo um trabalho profissional para o DAE/Sabesp e fui inspecionar a Estação Elevatória do Guarapiranga, acompanhado por um engenheiro inglês, consultor de sistemas de bombeamento. Ao saber que toda a cidade de São Paulo dependia, para o seu abastecimento de água, dessas três pequenas e mal mantidas bombas de vácuo (elas estavam cheias de pingos de tintas de uma pintura geral da elevatória), o engenheiro inglês não se conteve, inspirou-se em Churchill e falou: "Nunca tantos [*a população de São Paulo*] deveram tanto [*a água*] a tão poucas [*as três raquíticas bombas de vácuo*]".

Nota histórica

No começo da Segunda Guerra Mundial, a Inglaterra ia perdendo em tudo e a invasão da ilha pelas tropas nazistas era uma possibilidade. Aí aconteceu o auxílio americano e a Alemanha começou a sofrer o desgaste da heroica resistência soviética – e com isso a Alemanha começou a sentir o gosto das dificuldades.

38. Curva de variação da vazão de esgotos de uma pequena cidade, a qual não obedecia nem à lei de variação dos senos, nem à lei de variação dos cossenos (que, dizem, são bem semelhantes!!!!!). *A* surpreendente explicação do operador do sistema

Um experiente e minucioso engenheiro de nome Alfredo, especialista em engenharia sanitária, foi contratado por um órgão público para projetar a ampliação de um velho sistema de esgotos sanitários de uma pequena cidade. Chegando lá, o engenheiro verificou que o sistema de esgoto existente tinha um único ponto de descarga num rio, ou seja, toda a vazão coletada pelo sistema de esgoto da cidade era despejada nesse ponto. Tratamento de esgotos? Nada! – como, aliás, era, e lamentavelmente ainda é, a regra.

O Eng. Alfredo era muito detalhista, e o fato de todo o esgoto coletado da cidade[1] passar por um único ponto de descarga num rio o fez sugerir a ideia de medir essa vazão de esgoto pela construção de uma caixa de alvenaria, na qual se instalou um vertedor retangular de 20 cm de largura. O operador da rede, seu Ataxerxes, que, pelo nome esquisito (talvez vindo do grego antigo – forma coiné), era chamado de "seu Zé da Água", ganhou algo, como é justo, com a ajuda na construção.

Instalado o simples sistema de medida de vazão de esgotos, o engenheiro Alfredo passou a medir e anotar as medidas de vazão que ocorriam. Até durante a noite Alfredo foi medir a vazão que ocorria. Com os dados coletados, ele se pôs a desenhar o gráfico de variação da vazão de esgotos ao longo de vários dias, na verdade quatro dias de medida. Esperava que o gráfico tivesse o seguinte aspecto:

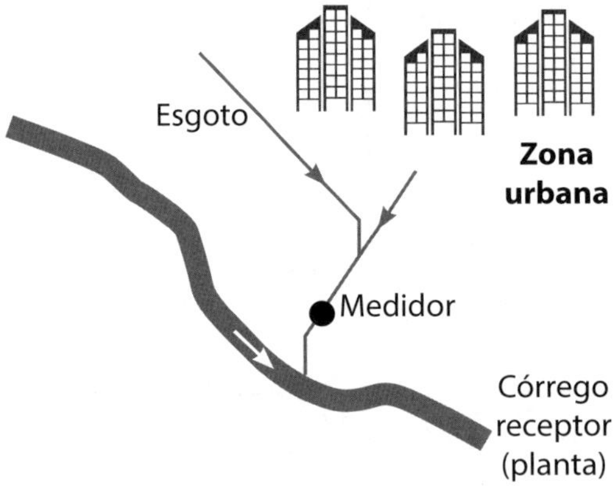

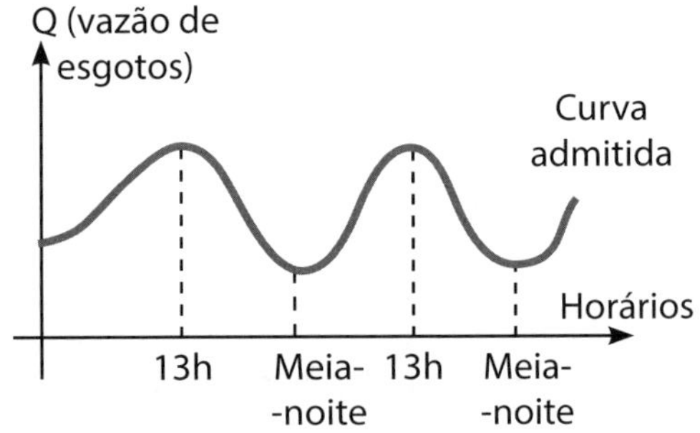

Os doutos livros contam que o pico da vazão de esgotos no dia a dia costuma ocorrer próximo das 13 horas, quando se lavam os utensílios das cozinhas, e a hora de menor vazão ocorreria à noite, próximo das 20 horas, quando os banhos já tinham sido tomados à tarde e lavados os utensílios das cozinhas.

Por tudo isso, os doutos livros dizem que a curva de esgoto se assemelha à curva da senoide da Trigonometria, bastante parecida (!!!!!??????) com a curva da

[1] Claro que existiam também fossas, e os esgotos infiltrados no solo provenientes dessas fossas e lançamentos diretos nas ruas, lamentavelmente, não eram coletados pelo velho sistema público.

cossenoide, mas sempre na parte positiva, pois não se conhece, até hoje, curva negativa de vazão de esgotos.

Só que a curva que resultou da medida da vazão de esgotos da cidade foi:

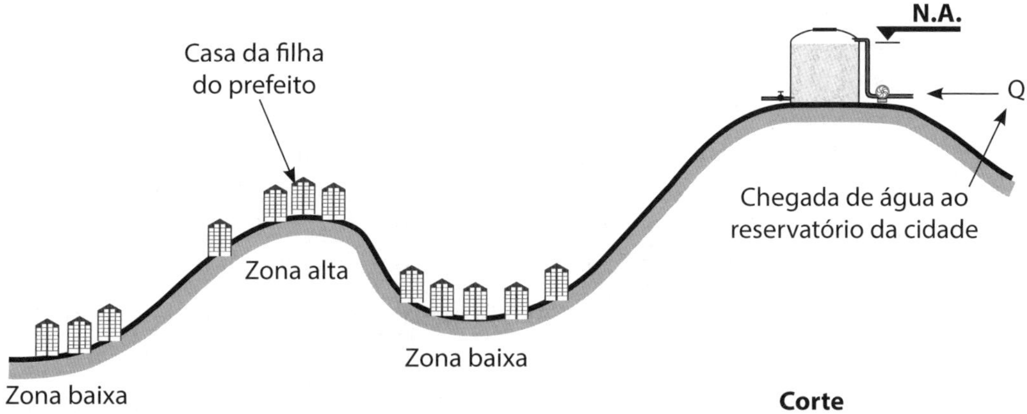

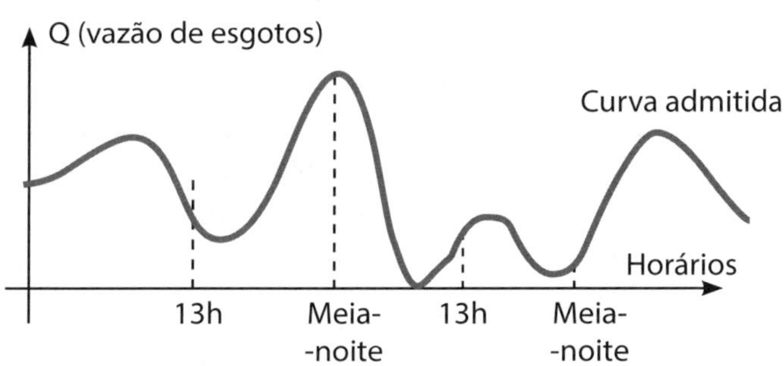

Ou seja, uma curva totalmente diferente da senoide. Claro que o Eng. Alfredo foi falar com o seu Zé da Água sobre o mistério. Talvez a cidade tivesse hábitos sociais diferentes dos do resto do país, ou mesmo de todo o mundo.

Ouçamos a resposta do seu Zé da Água sobre a curva de variação de vazão de esgotos da cidade.

> *"Tenho que contar que o sistema de água da cidade é tão velho que o sistema de esgotos e as necessidades de água do sistema público são muito maiores do que a capacidade do sistema permite. Há falta de água na cidade; isso é pior nas duas zonas altas da cidade, e numa das zonas altas mora a filha única do prefeito. Por orientação do prefeito, a única forma de essa zona alta receber água, e mesmo assim só à noite, é manobrar os registros [válvulas da rede de água],*

fechando o envio de água para a zona baixa, para que alguma água chegue na zona alta. Mas em dias quentes, mesmo com essas manobras, a água que chega na zona alta é pouca, e chega em horários que variam de dia para dia. Não se conseguem milagres nessas situações...

O milagre da variação da produção de esgotos, não obedecendo à curva da senoide nem mesmo, ou pelo menos, à da cossenoide, estava na deficiência do sistema de água...

Logo, melhorias no sistema de esgotos eram quase inúteis, pois o importante era melhorar o sistema de água, com reforço na vazão que chegava no reservatório, expansão da rede e construção de alguns anéis de distribuição, que fariam a água chegar tanto na parte central da cidade como na periferia e nas zonas altas.

O prefeito foi informado e contratou o projeto da expansão do sistema de água da cidade.

O Engenheiro Alfredo terminou o projeto da rede de esgotos, sempre admitindo que toda a zona urbana da cidade seria atendida.

Nota

Chama-se zona urbana a zona definida por lei municipal, a qual deve passar pela Câmara de Vereadores e pelo prefeito, definindo por meio de um levantamento topográfico a parte que tem um grau de ocupação de residências.

Quando se define a zona urbana, define-se também a chamada zona rural, área pouco ocupada por residências, mas intensamente usada para atividades como agricultura e criação de animais.

No Brasil, no conhecimento dos autores, existe um caso curioso. O pequeno e muito desenvolvido município de São Caetano do Sul (SP) é um caso de município sem área rural. Todo o município faz parte da zona urbana. É o caso do município cidade.

Também no estado de São Paulo há um outro caso curioso: trata-se do distrito de um município – distrito de São Francisco Xavier, no município de São José dos Campos – encravado na serra da Mantiqueira, cortado pela estrada que liga São José dos Campos a Campos do Jordão, situado num local belíssimo. Por tradição, o prefeito de São José dos Campos nomeia como administrador do distrito um morador de lá mesmo, eleito democraticamente pela sua população. Um caso de prefeito não municipal, e sim prefeito distrital...

39. Perguntas hidráulicas de um concurso público e suas respostas

A razão de colocarmos neste texto perguntas e respostas de engenharia sanitária oriundas de concursos é que a comunicação que se gera com essa inclusão é rica didaticamente, pois foge dos textos tradicionais, trazendo então novas e enriquecedoras luzes de ensino.

Pergunta 1 (de um concurso, reenviada ao Engenheiro MHCB por um competente arquiteto de nome Paulo Sérgio)

> *"Botelho, numa caixa de descarga acoplada, qual a pressão mínima da rede predial de água para que a caixa de descarga funcione adequadamente?"*

Resposta de MHCB: a pressão mínima é qualquer valor, algo **maior que zero**, pois o que faz a caixa de descarga acoplada funcionar é o volume de água retido na caixa, e a pressão da rede só serve para encher a caixa. Se a pressão na rede for alta, a caixa se enche rapidamente, e se a pressão na rede predial for baixa (por exemplo, nas casas térreas), o enchimento da caixa é mais demorado. Com a caixa cheia de água, o funcionamento da descarga de água independe totalmente da pressão da rede predial.

Pergunta 2 (de um concurso federal)

Considere duas residências iguais (geminadas), construídas na década de 1940. Uma delas virou um "restaurante por quilo" de grande sucesso, e na outra morava um casal idoso. As casas tinham, cada uma, um reservatório superior de água, e a água, ao chegar da rua, passava por um hidrômetro e ia para o reservatório superior. O sistema de água de cada casa era exclusivamente alimentado pela água retida em cada um desses reservatórios. Na hora de maior consumo, qual a maior vazão medida em cada hidrômetro de cada casa?

Resposta de MHCB: as duas maiores vazões de entrada de água são iguais, pois o sistema não sabe as características de cada instalação. É claro que o consumo diário de água do restaurante é bem maior que o consumo de água da casa do casal idoso, mas a entrada de água de cada instalação, indo para as caixas de água, não sabe do consumo diário de cada casa.

Pergunta 3 (de um teste de seleção em uma firma particular, resposta usando como auxiliar a técnica dos *números redondos*)[1]

Uma caixa de água é enchida pela torneira A em 4 horas e pela torneira B em 7 horas. Se as duas torneiras forem abertas juntas, em quanto tempo a caixa de água se enche?

Resposta de MHCB: usemos o método dos **números redondos**. Admitamos que a caixa de água tenha 10 mil litros. A resolução independe do volume escolhido da caixa de água. Escolhemos 10 mil litros por mera simpatia pessoal.

A vazão da torneira A é, portanto, 10.000/4 = 2.500 L/h. Já a vazão da torneira B é de 10.000/7 = 1.428 L/h. Logo, a vazão das duas torneiras funcionando juntas adicionará na caixa de água 2.500 + 1.428 = 3.928 L/h. O tempo de enchimento com as duas torneiras abertas será de:

$$T = V/Q = 10.000/3.928 = 2,54 \text{ h}$$

Resolvida a questão.

Pergunta 4 (de um concurso público em uma entidade do saneamento)

Em uma estação de tratamento de água (ETA) havia a produção de muito lodo (a razão era o uso como floculante do sulfato ferroso, e não do sulfato de alumínio), e o custo do descarte desse lodo era enorme, pois o ponto de descarte era muito distante e a estrada de acesso era de terra. Instalou-se, então, na ETA um filtro

[1] Antes que alguém critique esse método dos números redondos, alerto: no ano de 1960, no Curso Anglo Latino, atual Anglo, o inesquecível e estupendo professor Abram Bloch ensinava, no "Método do Crime Perfeito na Matemática", o interessantíssimo e também curioso e inacreditável fato de que 2,99999... = 3. Se o Mestre Bloch usava esses recursos didáticos estupendos, este autor também pode.

prensa, que, entre todos os equipamentos de secagem de sólidos, é o mais efetivo para secar esse lodo e diminuir seu volume, a fim de baratear o transporte. Esse lodo, antes de passar pelo filtro prensa, tinha 99% de água. Depois de passar pelo filtro prensa, o teor de água passou a ser de 90%.

Pergunta-se: o filtro prensa foi efetivo na redução de volume do lodo dessa ETA?

Pergunta ao caro leitor: antes de ver a solução, o que você acha? O filtro prensa foi efetivo?

Resposta de MHCB: a resposta a essa questão pode usar, também, como no caso da pergunta 3, o método dos **números redondos**, apimentado pela aplicação a um jogo de futebol. Digamos que num jogo de futebol, num estádio com 100 mil espectadores (estádio lotado), 99% deles apoiava o time local, de nome "Ás de Ouro", de modo que o time visitante, o "Flor da Mocidade", contava, portanto, com 1% de torcedores. Eis que, contra todas as expectativas, no início do segundo tempo, o placar era de 3 × 0 a favor do Flor da Mocidade, o time visitante. Com raiva, os torcedores do Ás de Ouro começaram a sair do estádio na metade do segundo tempo de jogo. Feita uma nova estatística entre os presentes do time local, em situação de derrota acachapante, sua presença era de 90%, e nenhum dos torcedores do Flor da Mocidade se retirara, pois o resultado, ainda que parcial, era maravilhoso e totalmente inesperado.

Pergunta-se: com base nesses dados, você acha que saiu muita gente do estádio, ou seja, torcedores do fracassado Ás de Ouro?

Resposta: apliquemos a técnica dos **números redondos**. Se no início do jogo a porcentagem de torcedores do Ás de Ouro era de 99% em um estádio lotado, com 100 mil torcedores, o número dos torcedores do Ás de Ouro era de 99 mil, e o número de torcedores do Flor da Mocidade", de mil torcedores. Com o péssimo resultado, a porcentagem de torcedores do Ás de Ouro era de 90% e, portanto, e obrigatoriamente, a dos torcedores do imbatível Flor da Mocidade era de 10% – e eles continuavam sendo mil espectadores. Portanto, o número de torcedores do Ás de Ouro, como 90%, era de 90/10 × 1.000 = 9.000, e o total de torcedores dos dois times era de 9.000 + 1.000 = 10.000, **ou seja, a debandada foi de 90%**.

Por analogia, o filtro prensa reduzia efetiva e significativamente o volume de lodo a ser descartado. A redução do volume de lodo foi de 90%. O funcionamento desse filtro prensa era excelente...

Pergunta 5

O que sairá do lodo, transformando-o de lodo úmido para lodo seco?

Resposta: a água, que o lodo úmido possuía em grande quantidade (ver esquema a seguir).

Esquema

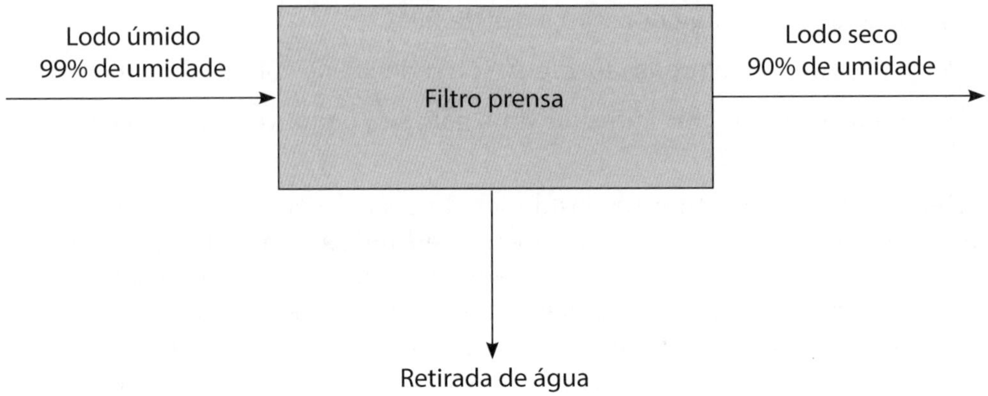
Lodo úmido
99% de umidade
Filtro prensa
Lodo seco
90% de umidade
Retirada de água

40. Cálculo de um sistema hidráulico, levando em conta perdas de cargas localizadas (peças)

A edição zero deste trabalho foi enviada a alguns leitores fiéis para comentários pré-lançamento. Um dos comentários recebidos indicava a necessidade de tocar no assunto do uso de **peças especiais hidráulicas**, como **curvas, válvulas e outras**, de uso extremamente comum em instalações hidráulicas prediais. Os autores acataram o comentário, e o texto se segue. Aproveitamos para agradecer ao leitor Luís, de Itu (SP), pela sugestão.

Um alerta: toda e qualquer peça que se coloque num circuito hidráulico gera uma perda energética, ou seja, uma perda de pressão (carga). Isso vale para curvas, válvulas, derivações (cotovelos), peças de saída de água etc. Isso significa que, ao introduzirmos uma nova peça num circuito hidráulico com pressão e com uma vazão de escoamento **Q1**, essa vazão se reduzirá, face à perda de carga que a nova peça criou. Então, agora, a vazão do circuito passará a ser **Q2**, e, implacavelmente, **Q2 < Q1**.

No Anexo 2 (Capítulo 49) deste livro, podem ser vistos os valores de perda de carga para os mais variados tipos de peças. A perda de carga atribuída a cada tipo de peça é associada a um acréscimo de comprimento (em metros) da tubulação na qual a peça será colocada. É um artifício correto e simples, que facilita a execução do cálculo do projeto.

Seja o esquema a seguir. Estimemos os valores, considerando válida a equação de Hazen-Williams (Anexo 1, Capítulo 49).

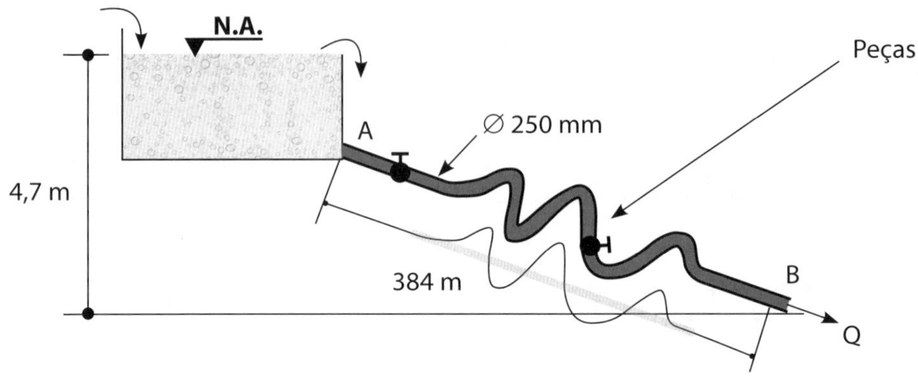

A vazão Q passará pelo tubo, ligando o ponto A com o ponto B e em B saindo na atmosfera. Consideremos que a altura de água a ser vencida será de **4,7 m**.

O comprimento do escoamento (de A até B) será de **384 m (inclusos os trechos em curva)**.

A altura de água de 4,7 m é a perda de carga hidráulica a ser vencida nos 384 m de escoamento, resultando numa perda de carga por metro igual a:

$$h/L = 4{,}7/384 = 0{,}0122 \text{ m/m} = 12{,}2 \text{ m/km}$$

A equação de Hazen-Williams exige o uso da perda de carga expressa em m/km, a qual está no ábaco no Anexo 1, Capítulo 49.

O diâmetro do tubo de plástico é de **250 mm** e, assim, o coeficiente de escoamento **c = 140**, como mostra o ábaco.

Entrando no ábaco, teremos:

Q = 7 L/s (vazão no tubo) = 7 L/s

V = 0,14 m/s, ou seja, a velocidade da água no tubo.

Até aqui, só consideramos a perda de carga que ocorre ao longo da tubulação. Fazer essa consideração de só considerar a perda de carga ao longo da tubulação é bem verdadeiro no caso de projetos de adutoras, mas não é verdade no caso de instalações hidráulicas prediais, pois aí temos muita perda de carga em curvas, saídas de água, válvulas de controle etc. etc.

Consideremos um esquema em que existem duas peças em A (bocal de entrada), uma curva em T e o ponto de saída da água para a atmosfera em Y (figura a seguir). Todas essas peças e situações geram perda de carga.

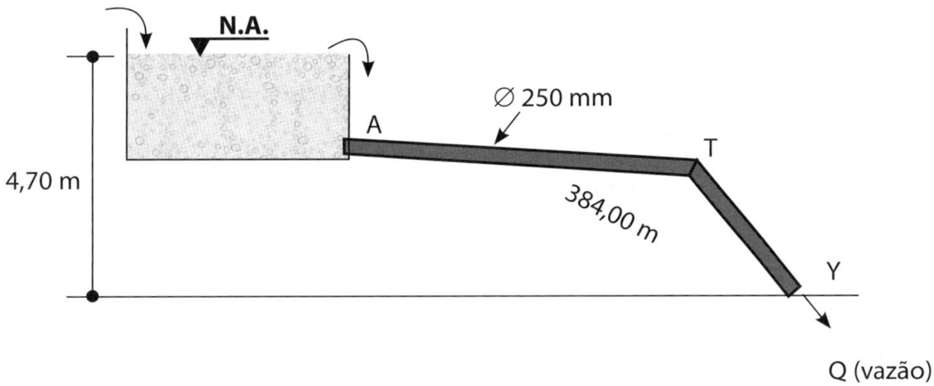

Comprimento ATY = 384 m

Desnível hidráulico = 4,7 m

Peças do circuito:

A (saída da água do reservatório e chegada na tubulação): na saída ocorre uma perda de carga. Portanto, admitimos que aí existe uma peça;

T (curva): a água, ao ter que fazer uma curva, gasta energia. Portanto, consideramos uma curva como uma peça;

Y (saída de água): como em **A**, temos na saída de água uma perda de energia.

Como o diâmetro da tubulação é de **75 mm**, as perdas de carga em cada peça serão de:

Peça em A: 3,3 m

Peça em T: 1,4 m

Peça em Y: 1,6 m

Total de perdas hidráulicas no trecho ATY ➔ 3,3 + 1,4 + 1,6 = 6,3 m

Ver tabela de comprimentos equivalentes no Anexo 2 (Capítulo 49).

Como a extensão do tubo é de 384 m, para o dimensionamento hidráulico, devemos acrescer 6,3 m na extensão geométrica da tubulação, resultando:

384 + 6,3 m = 390,3 m

Calculemos a perda de carga total por metro:

4,70/390,3 = 0,012 m

resultando uma vazão quase igual à calculada anteriormente (quando só consideramos a perda de carga ao longo de todo o comprimento). Verificamos que a alteração de vazão causada por essas peças foi mínima.

Mas vamos a uma outra situação, aumentando enormemente o número de peças.

Por clareza didática, digamos que existem agora quarenta peças, entre elas várias curvas, situação próxima de uma instalação predial com muitas peças. **Agora, a perda de carga nas peças é: 3,3 + (40 × 1,4) + 1,6 = 60,9 m**.

Agora, na simulação de nova extensão da tubulação, será considerado o acréscimo de 60,9 m. Vejamos a nova perda de carga:

h/L = 4,70 / (384+60,9) = 0,0105 m/m = 10,5 m/km

Consultando-se a equação de Hazen-Williams (**ver tabela de perda de carga, no Anexo 1**), resulta a vazão compatível com o diâmetro 75 mm e uma perda de carga de **10,5 m/km**, de modo que essa vazão é agora de **3,5 L/s**.

Conclusão: com a inclusão de todas essas peças e a perda de carga que elas introduzem, o atrito hidráulico aumentou. Com o aumento do atrito hidráulico, a vazão caiu de **7 L/s** para **3,5 L/s** (ver Anexo 2).

Analogia

Estou viajando numa estrada de recapeamento recente e consigo dar ao meu carro uma velocidade média de 83 km/h. Chegando num trecho não recuperado e ruim (cheio de buracos), a velocidade média cai para uns 68 km/h. Finalmente, chegando a um trecho não pavimentado e em local que choveu recentemente, formando trechos com lama, a velocidade do meu carro cai para uns 57 km/h.

Cada buraco da estrada corresponde, analogamente, a uma peça e à sua perda de carga, no circuito hidráulico.

Lembremos: uma curva ou outra peça no circuito é como fosse um buraco na estrada.

Comentários adicionais

É importante notar que cada tipo de peça introduz um valor de perda de carga hidráulica (sempre associada a um aumento do comprimento da tubulação em que ela está colocada). Por exemplo, uma curva de apenas 45 graus introduz pouca perda de carga, enquanto uma curva de 90 graus (maior ângulo) introduz uma maior prova de carga que a curva de 45 graus. Ainda uma vez cabe a analogia com uma estrada: uma curva bem fechada obriga o veículo a reduzir bem sua velocidade, mas uma curva suave obriga uma redução bem menor de velocidade. Uma estrada com muitas curvas é como se fosse uma estrada mais longa, pelas reduções de velocidade que ocorrerão...

Olhando-se a **tabela de comprimentos equivalentes** (Capítulo 49, Anexo 2) observa-se que uma peça que causa muita perda de carga é o registro (válvula) globo, perda de carga essa bem maior que provocada pela válvula gaveta.

Haveria uma peça com **perda de carga infinita**?

Claro que existe. Por exemplo, uma válvula de gaveta fechada... Fechada, a torneira de sua casa gera vazão zero de escoamento no trecho.

Nota

Na área da Engenharia Mecânica, existe uma disciplina muito grande no uso de termos ligados a circuitos com escoamento. Então, vale estudar com cuidado esses termos:

Registro é uma peça que registra (deixa visualizado) um valor medido.

Medidor é uma peça que mede o valor de uma variável. O termômetro é um medidor de temperatura, e o termômetro clínico também é um registrador de alta, ou seja, deixa mostrado o maior valor que a medida alcançou. Nas geladeiras, temos medidores de temperatura que não mostram o valor medido, mas esse valor é informado automaticamente ao motor da geladeira para ligá-lo ou desligá-lo.

Totalizador é um medidor que simplesmente totaliza uma medida. O odômetro de um carro não é um medidor, e sim um totalizador de distância. Portanto, o hidrômetro é um totalizador de volume. Olhando o hidrômetro, vemos que ele mostra que a unidade medida a ser totalizada é m^3. Cabe ao leiturista dos hidrômetros estabelecer o tempo entre duas medidas do volume de água que passou no hidrômetro e o hidrômetro totalizou.

Exemplo

Medida 1, dia 4 de janeiro de 2008. Leitura: 450 m^3

Medida 2, dia 4 de março de 2008. Leitura: 620 m^3

O consumo foi de:

(620 – 450) / 2 (meses) = 270/2 = 135 m^3/mês

Válvula é um dispositivo de controle, existindo válvulas de controle de vazão, de pressão etc.

Alerta de sugestão:

Nós, profissionais da área civil, deveríamos usar a expressão **válvula de gaveta**, e não **registro de gaveta.**

Tabela de comprimentos equivalentes em metros de canalização de tubo (ver Capítulo 49, Anexo 2)

Exemplo

Uma válvula de pé e crivo (tela) de 50 mm de diâmetro equivale, em termos de perda de carga, ao resultado do seguinte cálculo:

$$\underline{18{,}3} \times 50 \text{ mm} = 915 \text{ mm} = 0{,}915 \text{ m}$$

Uma curva de 45° de 60 mm, inserida num circuito hidráulico, vale:

$$\underline{0{,}7} \times 60 \text{ mm} = 42 \text{ mm} = 0{,}042 \text{ m}$$

As perdas localizadas, como as perdas devido a peças, são muito importantes no cálculo dos circuitos prediais, nos quais essas peças são muito usadas, e são menos importantes em projeto de adutoras.

41. Curiosidades acontecidas no Canal da Mancha, que separa a França da Inglaterra. Esse canal tem cerca de 33 km de largura

Caso 1[1]

Para acompanhar esta crônica é necessário relembrar conceitos.

Primeiro conceito

Chama-se "máquina simples" o equipamento que, sem adicionar energia, deixa ficar melhor o uso de uma força. Roldanas, tesoura, barco a remo e pés de cabra, entre outros, são máquinas simples. A bicicleta também é uma máquina simples.

Segundo conceito

Chama-se voo autônomo o voo de um ser humano sem nenhuma ajuda externa. Asa-delta que usa o vento, balões com ar aquecido, aviões com seus motores não geram voos autônomos, pois têm ajuda de fatores externos. Para ocorrer um voo autônomo exige-se:

[1] Artigo publicado originalmente com o nome "Canal da Mancha".

a. o candidato deve começar a prova em um local plano;
b. o dia deve ser sem vento;
c. nada deve ajudar ou atrapalhar a atividade do candidato;
d. fixa-se arbitrariamente, mas razoavelmente, a distância que o candidato a voar em voo autônomo deve vencer (digamos algo como 1 quilômetro);
e. o candidato pode usar uma máquina simples.

Todos os livros de Física diziam que o ser humano nunca conseguirá voar em voo autônomo, face à desproporção entre seu peso e sua capacidade de potência, algo como 0,7 cv (hp). A maior parte das aves consegue voar em voo autônomo em face de seus ossos serem ocos, o que diminui pouco sua resistência, mas reduz muito seu peso. Um convidado de um famoso programa de entrevistas brasileiro levou ao auditório galinhas que voavam e voaram mesmo, indo contra certa lenda de que galinhas não voam.

Esse era o meu mundo. Repetimos: o ser humano, mesmo usando uma máquina simples, não conseguiria voar nas condições fixadas, condições essas que são razoáveis e lógicas.

Mas, convenhamos: é duro ganhar cabelos brancos e eu já os tenho faz algum tempo. Temos que rever conceitos, se tivermos flexibilidade para isso. Mas, pensava eu, verdades tecnológicas ou da Física ficariam imunes a essas mudanças, às vezes algo até pecaminosas... Eis que num programa sério de televisão – e depois repetido em vários jornais – foi mostrado que um inglês conseguira voar em voo autônomo, vencer, ou seja, cruzar o Canal da Mancha. Contemos como foi: o rapaz era atleta de ciclismo e, portanto, com excelente preparo físico; foi construída uma máquina simples, misto de bicicleta e pequeno avião, na sua maior parte de isopor – que tem alguma resistência e baixíssimo peso. O aparelho funcionava face ao girar de uma hélice acionada pelo girar do eixo da bicicleta. O pequeno avião tinha vedação para impedir que o suor do corpo evaporasse e, com isso, durante a prova não haveria a necessidade urgente de hidratação do corpo do atleta. Com isso não era obrigatório levar água potável para o atleta.

Num dia sem vento e estando em local plano e quase ao nível do mar, o candidato com seu, digamos assim, "avião-bicicleta", e na presença de muitos observadores e fiscais, começou a correr com o "avião-bicicleta" impulsionado pela movimentação típica das bicicletas e que fazia girar uma hélice do aparelho, hélice que, com isso, e com as condições aerodinâmicas do aparelho, conseguiu voar em altitudes de um a dois metros sobre o nível do mar.

As regras fixam uma distância mínima a vencer no voo autônomo, algo como um quilômetro como aqui relatado. Agora, vencer o Canal da Mancha com seus 33 quilômetros era uma proeza enorme. Tudo foi acompanhado por televisões, fotógrafos e amigos em pequenos botes a motor, não sendo, pois, máquinas simples.

O objetivo foi alcançado e, voando em altura de um a dois metros sobre o nível do mar, o Canal da Mancha foi vencido – fato que nem Hitler conseguira.

Sou obrigado, portanto, e a contragosto, a rever meus livros de Física...

Nota

Homenagem deste autor ao nadador Abílio Couto, que, nadando (o corpo é uma máquina simples), foi o primeiro brasileiro a vencer o Canal da Mancha (1958).

Caso 2

Aconteceu um derrame de óleo de um navio no Canal da Mancha, portanto, entre a Inglaterra e a França, e foram usados dois diferentes processos de despoluição (ou redução de poluição): um sistema francês, rigorosamente proibido em águas inglesas, e um sistema inglês, rigorosamente proibido em águas francesas.

O Canal da Mancha tem cerca de 33 km de largura, e por ele passam diariamente dezenas de embarcações de todos os tamanhos e tipos. Um dia, um navio movido a motores com óleo, por ser muito velho, se abriu, por incrível que pareça, e soltou todo o seu óleo nas águas do canal. Independentemente de querer saber quem era o culpado, as autoridades sanitárias inglesas e francesas tomaram de imediato providências para conter, mesmo que parcialmente, os danos ecológicos. A Inglaterra, na largura do canal que lhe cabia, adotou o processo de jogar toneladas de palha, que adere ao óleo sobrenadante, e com isso ficou fácil reter e retirar mecanicamente a palha, agora oleosa, com o óleo retido, que foi mandada para altos-fornos da ilha da velha Albion. Essa técnica de despoluição impossibilita jogar detergente na parte das águas com óleo, pois essa técnica é proibida na Inglaterra. Por seu lado, a França não acredita na técnica do uso da palha para reter óleo, pois, durante a queima após a recolha, gera-se um problema de poluição atmosférica proveniente da queima da mistura palha e óleo. A França, então, adotou o processo de jogar detergentes em grande quantidade nas águas de sua parte, que estavam com óleo sobrenadante. O detergente dilui o óleo, minimizando em parte os danos e contando com a famosa diluição posterior em alto-mar. Acreditam os franceses que, com esse processo, a flora e fauna do mar sofrem menos. O processo de retenção da palha com óleo, face aos seus parcos resultados, é proibido na França.

Os autores dão crédito de autoria ao Eng. Químico Danilo de Azevedo, que a eles forneceu, anos atrás, essas informações.

Nota

Quando se fala em Canal da Mancha separando a Inglaterra e França, tem-se a ideia de que o limite entre os dois países nesse canal seja de 50% de cada lado. Isso não é verdade. Bem próximo do território francês existem as chamadas "Ilhas do Canal", de antiga possessão inglesa – os únicos territórios ingleses, aliás, que Adolf Hitler conseguiu, durante a Segunda Guerra Mundial, alcançar e temporariamente dominar.

42. Quem diria! O autor MHC Botelho, então um jovem engenheiro, participou, sem saber, da solução de um problema de engenharia sanitária único no mundo e sem exemplo no passado de toda a humanidade!!!!!!
O caso do distrito de Riacho Grande, São Bernardo do Campo (SP)

O caso

Atenção: esta é uma crônica, baseada, porém, em fatos reais.

Estamos no segundo trecho dos anos 1960. Eu, o autor MHC Botelho, era um jovem engenheiro e trabalhava na firma Planidro, que reunia grandes nomes da engenharia sanitária da época. Foi-me dado para projetar um leito de secagem de lodo de uma pequena estação de tratamento de esgotos (valo de oxidação) para o distrito Riacho Grande, de São Bernardo do Campo (SP). O meu trabalho era o mínimo. Numa única folha tamanho A4, mostrar o leito de secagem de lodo do tratamento, com as dimensões (largura, comprimento e altura) e a especificação da areia e dos tubos de drenagem. Por dever de ofício, fui, no fim da semana, visitar o local da obra. Nenhum problema, e o local do futuro leito estava disponível. Fiz o pequeno projeto e o entreguei ao meu chefe, o engenheiro Max Lothar Hess, que o encaminhou ao professor Azevedo Netto, nosso contato com a Prefeitura. Ao ver meu desenho, o professor Azevedo, com o tom grandiloquente e pomposo de sempre, avisou-me:

> *"Jovem engenheiro. Você acaba de dar uma contribuição a um caso único no mundo e nunca dantes experimentado, em todos os tempos..."*

Não estranhei o tom da observação, e sim o fato em si, ou seja, o tal caso único no mundo e nunca dantes experimentado! Para entender a história e julgar o fato, precisamos contar como nasceu Riacho Grande, hoje um distrito de São Bernardo do Campo, junto à via Anchieta e todo banhado pelas águas, então só ligeiramente poluídas, da represa Billings. E eu participava com o pequeno leito de secagem desse ato único no mundo e na história da humanidade. Convenhamos, nunca me orgulhei tanto de mim... Mas contemos algo de Riacho Grande.

Nasce Riacho Grande, bairro de São Bernardo do Campo (SP)

Era a década de 1960. O estado de São Paulo não tinha pedágio em nenhuma de suas estradas, nem nas estaduais, nem nas federais. O governo decidiu fazer uma experiência na sua mais famosa e movimentada estrada, a via Anchieta, que liga a capital a Santos, no litoral. Decidiu por implantar um posto singelo de pedágio nessa estrada, no sentido Santos, depois de cruzar, por ponte, o reservatório Billings, do outro lado da bela estação de captação de água da Sabesp (leia-se então DAE). Projeto belíssimo do arquiteto Fábio Penteado e que até hoje se destaca pela sua imponente beleza plástica.

O pedágio foi implantado e funcionava 24 horas por dia, mas o problema era que não havia nada nas redondezas. Só mato ou resquícios da Mata Atlântica. Face a essa falta de infraestrutura, os funcionários do Departamento de Estradas de Rodagem (DER), que eram os responsáveis pelo posto de pedágio, traziam de casa alimentos e a famosa garrafa térmica de café, para enfrentar o frio da madrugada solitária. Assim era.

Só que, nas imediações, morava uma família simples de sitiantes, que começou a fornecer café fresco, empadinhas, coxinhas, pamonha salgada, tudo feito na hora. Virou mania, e os sitiantes, com os frutos financeiros das vendas, deixaram de cuidar do sítio, cuidando agora exclusivamente da alimentação do pessoal do pedágio. Como o negócio era bom, os sitiantes convidaram parentes para morar junto à casa deles e aproveitar as fomes não saciadas dos funcionários do DER. O local era (e é) muito bonito, de modo que um funcionário do DER também se mudou para lá, construindo uma casa rústica, como é a regra. A distância dessa casa ao pedágio era da ordem de uns 300 m. Foi um sucesso, e mais gente começou a morar lá e trabalhar no pedágio. Em dias quentes dos fins de semana, os moradores começaram a se banhar na represa. Aí um dos funcionários do DER, que adorava pescar, fez uma construção simples para vender material de pesca, pois a fama do local crescia, e o número de seus moradores também. Depois do assunto comida para os empregados do pedágio e depois do início da transformação do lugar em um local de pesca, descobriu-se que o local era muito bonito, era perto de São Paulo, e a represa servia como lazer contemplativo e até para banhos.

O problema sanitário

O lugarejo começou a explodir. Surgiu então um problema: com o crescimento do burgo, faltava rede de água e rede de esgotos, e todos os efluentes que saíam das fossas iam implacavelmente para o reservatório Billings, em frente à captação de água da Sabesp, que atendia o ABC (Santo André, São Bernardo e São Caetano) como seu único manancial de água.

As autoridades sanitárias agiram energicamente. Foi construída a rede de esgotos do lugarejo, e, para não jogar o esgoto coletado junto à captação de água para abastecimento do ABC, decidiu-se pela construção de uma estação de tratamento de esgotos. Consultado o especialista Eng. Max Lothar Hess, construiu-se no local um valo de oxidação, primeiro no estado de São Paulo (o pioneiro foi no Rio de Janeiro, a cargo do Eng. Constantino de Arruda Pessoa).

Uma coisa era rígida: o local não teria rede de água, cuidado para inibir o crescimento da população, pois até corrida de lanchas começou a acontecer no local. Providências foram tomadas junto à Prefeitura de São Bernardo do Campo para frear a ocupação ilegal e altamente prejudicial à própria cidade de São Bernardo, face ao assunto esgotos (na época não se falava no assunto lixo, embora ele começasse a ocorrer e incomodar).

Alguém acha que a falta de rede de água e a pressão da Prefeitura para impedir a ocupação incorreta de Riacho Grande adiantou alguma coisa? A beleza do local e a facilidade de acesso fizeram explodir Riacho Grande.

Eu tinha o orgulho de ter projetado o minúsculo leito de secagem de lodo do valo. Essa minha obra foi implantada, e com sucesso. Foi então que eu ouvi a frase rocambolesca do professor Azevedo Netto:

> *"Você participou de caso único no mundo e em todos os tempos, jovem engenheiro."*

O professor não explicava qual era o caso, e isso fazia parte de sua técnica didática de ir soltando os assuntos por etapas, mas todas muito saborosas e inesquecíveis. Então, perguntei:

> *"Mestre dos mestres [ele adorava ser chamado assim], explique a este pobre mortal o caso único e em todos os tempos de que eu participei sem saber."*

O mestre sorriu e explicou:

> *"Riacho Grande nasce com um fato inacreditável aos olhos do mundo e mais ainda aos olhos brasileiros. É o único lugarejo do mundo que tem:*

- rede de coleta de esgoto;
- tratamento secundário do esgoto;
- secagem do lodo produzido no tratamento em um leito de secagem;
- *e, por incrível que pareça,* ***não tem rede de água!!***"

Pensei bem e concordei com ele. Infelizmente, com o mestre Azevedo não dá mais para conviver e aprender. De vez em quando, porém, volto a Riacho Grande, principalmente em dias de vento forte. Esses ventos, soando forte nas árvores, parecem falar algo como:

> *"Caso único no mundo e em todos os tempos..."*

Caro leitor, visite o extremamente prazeroso distrito chamado Riacho Grande, em São Bernardo do Campo, na via Anchieta, à direita de quem vai para Santos, depois de ultrapassar a ponte que corta o reservatório Billings. Aproveite para ver, além da unidade de tratamento de esgotos, a obra plástica do arquiteto Fábio Penteado, uma belíssima captação de água, nesse reservatório (na outra margem da represa e do lado oposto na via Anchieta).

Vale a filosófica frase:

> *"O que a gente leva da vida é a vida que a gente leva..."*

E lembremos do adágio:

Você que passa e não olha e quando olha não vê...

O grande mestre Azevedo Netto nos ensinava a olhar e valorizar o que é simples, mas belo e importante...

Foto antiga do valo de oxidação (1971), com o engenheiro MHC Botelho, um visitante (oriundo da Polônia) e o operador.

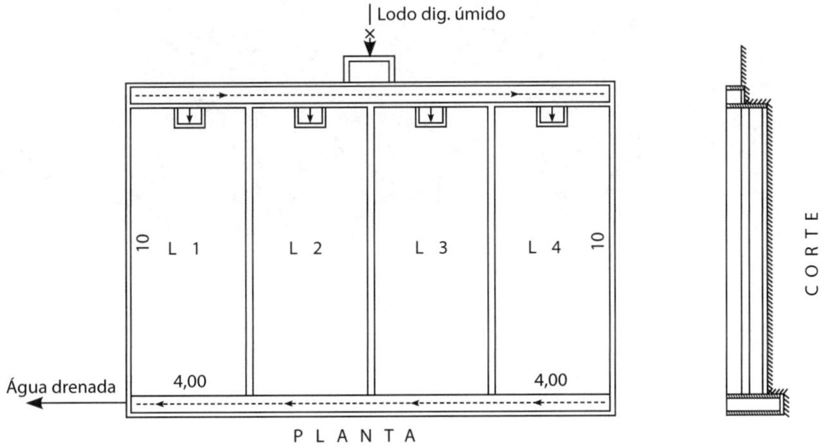

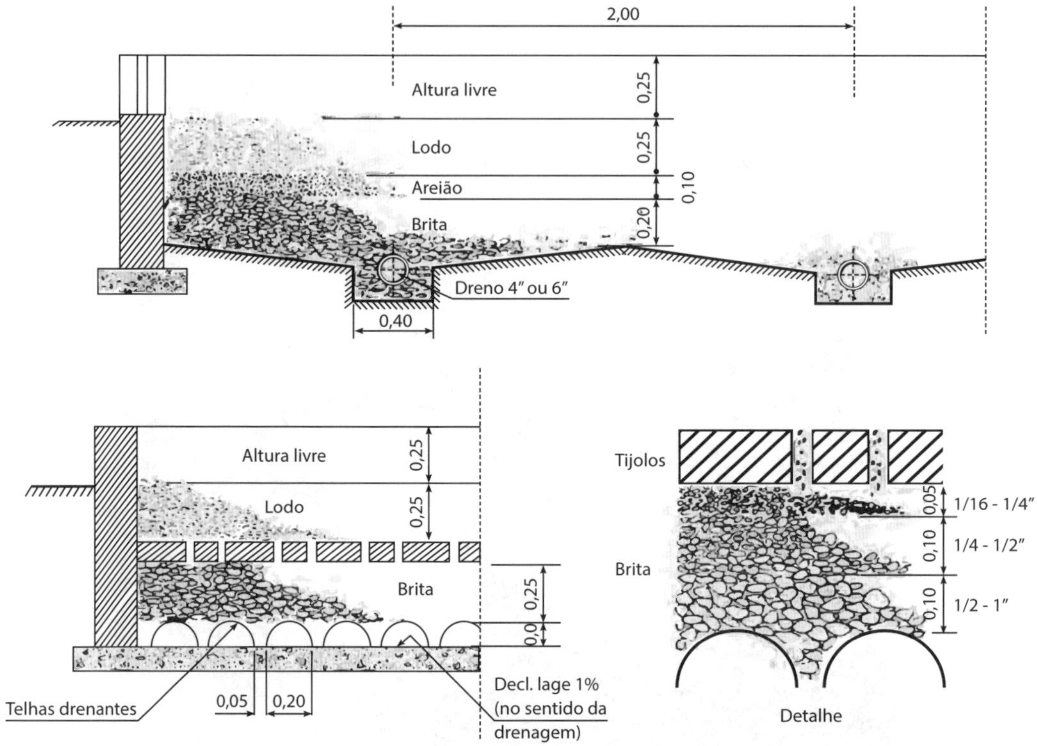

Leito de secagem de lodo.

Captação de água da Sabesp, no reservatório Billings, próximo ao Riacho Grande em São Bernardo do Campo, usando bombas hidráulicas de eixo vertical. Projeto arquitetônico do arquiteto Fábio Penteado. Belo.

Nota

A criatividade do professor Azevedo Netto e do arquiteto Fábio Penteado não se limita à beleza dessa captação de água na Billings: foi projetado também o reservatório elevado do sistema de água. Como São Bernardo era considerada a "Capital Nacional da Fabricação de Carros", a dupla projetou o reservatório elevado à semelhança de um pistão (êmbolo) de um motor de automóvel, inserido nesse "pistão" um salão de festas com vista para toda a cidade. Até bem pouco tempo, essa obra estava bem conservada. Se for possível, vá visitá-la!

43. E quando varia a pressão num sistema hidráulico, o que acontece?

Um dos colegas, Flávio, de Natal (RN), que fez a leitura da edição zero (rascunho) deste presente texto, antes de sua distribuição, anotou uma justa crítica, ponderando que, na esmagadora maioria dos exemplos numéricos deste texto, a vazão hidráulica no sistema é constante. Do ponto de vista didático, há o interesse em discutir o caso da vazão variável e suas consequências. Levando em conta essa ponderação, observamos um específico interesse de discutir o caso da vazão variável no sistema hidráulico, e vamos estudá-lo.

Isso mostra a importância didática da colaboração dos leitores.

Os autores acreditam que, apresentando um caso, um único caso, a compreensão geral desse tópico ficará bem fácil. Vamos então discutir um caso. Mãos à obra.

Seja o modelo clássico, sendo Q1 a vazão de entrada de água no Reservatório R1:

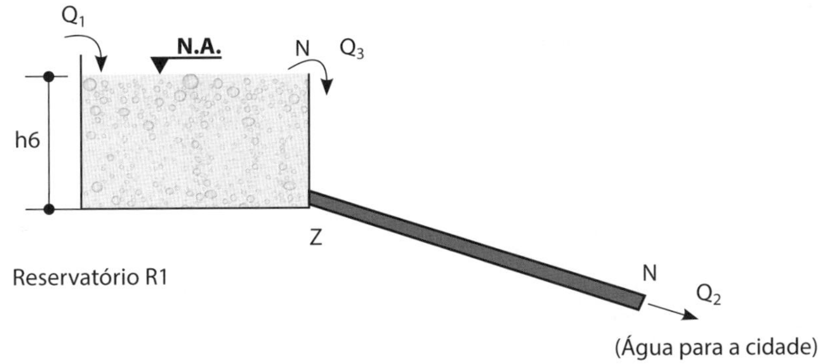

Seja o reservatório R1 alimentado por uma vazão Q1, saindo desse reservatório uma vazão Q2 (indo para uma cidade) no ponto Z. Como Q1 > Q2, ocorre um excesso de vazão Q3, que sai pelo extravasor (chamado de ladrão em certas regiões do Brasil) no ponto N.

Admita que construímos todo esse esquema, e, com ele pronto, começou-se a jogar a água (vazão Q1) no reservatório R1.

Vamos analisar, para riqueza didática,[1] as várias situações quando varia a vazão Q1 e as suas consequências.

Em todo caso, vale sempre

Q1 = Q2 + Q3 (verdade implacável)

Modificação n. 1

A vazão Q1 diminuiu um pouco (h6 mantido), mas ainda:

Q1 > Q2

Nessa situação n. 1, resulta, independentemente de quem concebeu o sistema, Q2 e Q3.

Todas as vazões dependem do valor de Q1. Se Q1 é maior que Q2, o nível de água no reservatório é o mesmo; se o nível de água é o mesmo, Q2 continua com o mesmo valor de vazão. Mas, se Q1 diminuir, a vazão no extravasor (Q3) se reduz, implacavelmente.

Continua, porém, Q1 = Q2 + Q3, obedecendo à lei de Lavoisier.

Modificação n. 2

Agora o valor de Q1 diminuiu bastante e se iguala a Q2.

Como agora Q1 = Q2, obrigatoriamente (quem manda agora é o Lavoisier) Q3 = 0, mas a altura h6 não se altera, e se a altura h6 permanece, a vazão Q2 não se altera.

[1] O mais importante aspecto de todo este trabalho...

Fala Lavoisier: "Nos sistemas fechados, a massa é constante".

Modificação n. 3

Eis que diminuiu ainda mais a vazão Q1, ficando menor que a vazão Q2 do início deste texto. Assim, Q1 diminuiu, Q2 diminui e Q3 fica, então, igual a zero.

A causa da diminuição de Q2 é a diminuição de Q1, e se a altura de água (carga hidráulica) h6 diminui, isso causa a diminuição de Q2, que depende totalmente dessa altura de água. Chamaremos essa nova altura de água de h7, e, lamentavelmente: **h7 < h6.**

Modificação n. 4

Admitamos que a vazão Q1 diminuiu mais um pouco. Com isso, a vazão Q2 diminui mais ainda, e Q3 continua valendo zero.

Com a diminuição de Q1 e Q2, a altura h8 torna-se menor que h7 e muito menor que h6. Fim da explicação.

Tudo o que foi falado para o modelo inicial vale se ele estiver ligado a um sistema público de distribuição de água que atende a uma cidade, independentemente do tamanho da cidade, seja ela pequena ou grande. Diminuindo, por qualquer razão (por exemplo, época de seca com pouca água no manancial abastecedor da cidade), pode cair a vazão com a qual se consegue tirar água desse manancial, fazendo a vazão Q1 diminuir. Se ela cair a valores muito baixos, o nível de água do reservatório R1 diminui, com a consequência de que os bairros altos da cidade ficam sem água, enquanto os bairros mais baixos talvez recebam água. A situação torna-se dramática se a filha do prefeito morar em um bairro alto. Aí o famoso "Zé da Água" vai ter de fazer manobras na rede, fechando os chamados "registros" da rede, que são válvulas de gaveta, de modo que a água possa chegar a alimentar as casas da zona alta, principalmente à noite, quando o consumo geral de água diminui. Chegando a água nos bairros altos, num dos quais mora a **estratégica filha do prefeito** , alguns bairros da zona baixa talvez fiquem sem água, mas o prefeito não demitirá, por razões de amor paterno, o "Zé da Água", pois a água chegou na casa da filha dele...

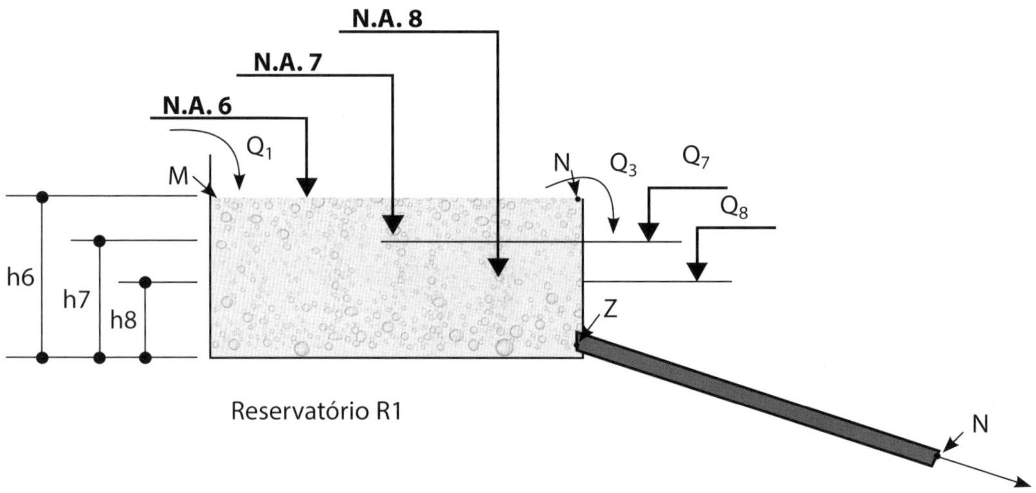

Reservatório R1

44. A inacreditável proibição de um famoso e competente professor de Hidráulica no ensino do escoamento em canal (portanto, sem pressão) usando os conceitos de velocidade e altura de água. Seria esse um assunto confidencial????????

Contemos algo surpreendente e altamente confidencial, relatado pelo leitor e colega Francisco, de Florianópolis (SC).

Um famoso professor de Hidráulica alertou seus alunos (eu, Francisco, estava presente) para que, nos casos de projeto de canais, ou seja, sem pressão (só a pressão atmosférica atuando), nunca, mas nunca mesmo, impor:

– velocidade da água no canal,

– altura de água no canal.

Juro que, quando ouvi isso, fiquei surpreso e sem entender, mas o mestre continuou:

"Imponha o que você pode construir ou dominar, como a seção seca do canal, a rugosidade das paredes do canal, a declividade do canal, a vazão no canal – na hipótese de que possamos colocar essa vazão hídrica no começo do canal, vazão esta proveniente, por exemplo, de uma mangueira ou de outra fonte."

Essas são as condições que chamamos de condições independentes...

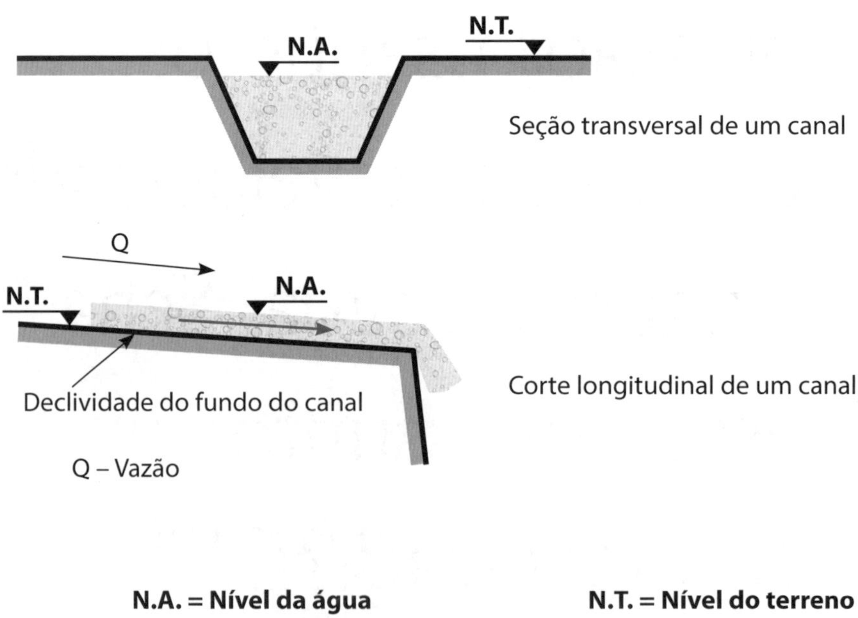

Seção transversal e corte longitudinal de um canal. N.A.: nível da água; N.T.: nível do terreno.

E complementou:

"Digamos que eu queira tirar água de um açude de uma fazenda, transportando a água desse açude para um ponto mais baixo, para suprir a ***água de animais e*** *efetuar a limpeza do estábulo. Para isso eu posso:*

- *construir um canal com uma seção proveniente da escavação no terreno;*
- *dar uma declividade a esse canal;*
- *revestir com pedras ou outro material a superfície das paredes desse canal;*
- *em época de seca, jogar água adicionalmente de outro açude nesse canal ou comprar água de um vizinho e colocar a água num caminhão aguadeiro que despejará, usando uma mangueira, a água comprada no início do canal.*

"Feito tudo isso, **vou rezar (dizem que funciona) para que o canal transporte a água, e ele a transportará, mas *eu não posso* (sou realista) fixar, ordenar, estabelecer, exigir***:*

- *a velocidade da água;*
- *a altura de água no canal.*

Essas são condições não independentes[1] *(condições dependentes)."*

Com o tempo compreendi a verdade dessa aula. Eu tinha, porém, um colega de nome Souzinha, o medíocre, que me dizia:

"Na Hidráulica eu sou diferente do mestre. Eu fixo, ordeno, estabeleço e exijo tudo o que eu quero. Sou independente... [??????]. O professor é decididamente um homem tímido, e por isso teme dar ordens..."[2]

Confesso: nunca consegui convencer o Souzinha do acerto do mestre...

[1] Uma outra condição não independente é a qualidade da água que vou retirar de um poço que eu escavei no solo.

[2] Comentário de um irritado leitor também de nome Souzinha: "Eu não gosto quando os autores misturam Engenharia com Filosofia e às vezes até com um assunto estranho, como análise de custos. Engenharia tem algo a ver com Filosofia e custos?????????????????????".

Retrato do Souzinha à época.

Explicação

A velocidade da água e a altura da água são variáveis que podemos classificar como **variáveis dependentes**, ou seja, elas dependem, resultam de:

- ocorrência de vazões ou provenientes de chuvas ou de nossa alimentação hídrica à montante do canal;
- declividade do canal. Mesmo em terrenos totalmente planos, podemos por escavação crescente (afundando) dar declividade no canal, como em obras de esgoto nas regiões de praias, normalmente regiões bem planas;
- forma do canal e seu revestimento, fruto da escavação realizada;
- rugosidade das paredes do canal. Existem canais com paredes em terra ou paredes de concreto ou outro material.

Vejamos exemplos de seções do canal:

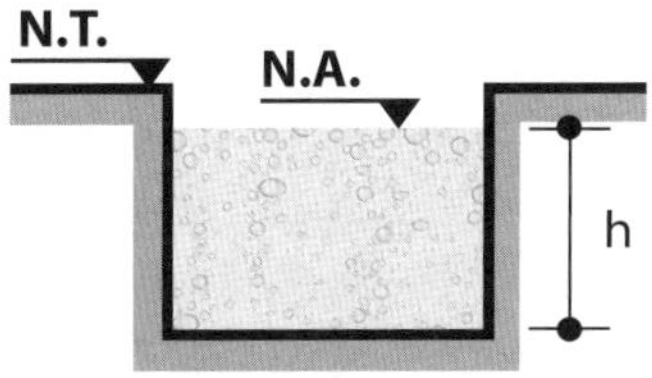

Canal retangular

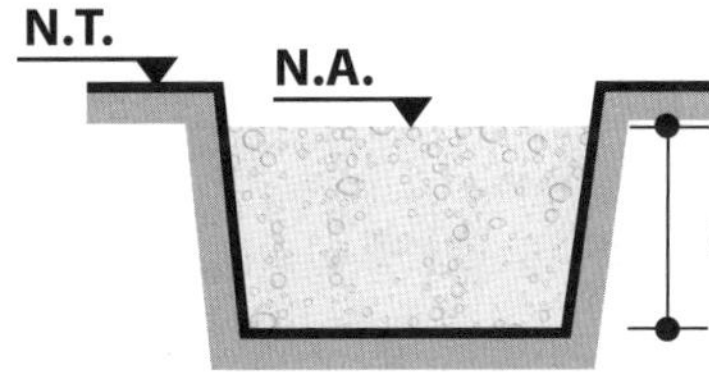

Canal trapezoidal

E no passado havia...

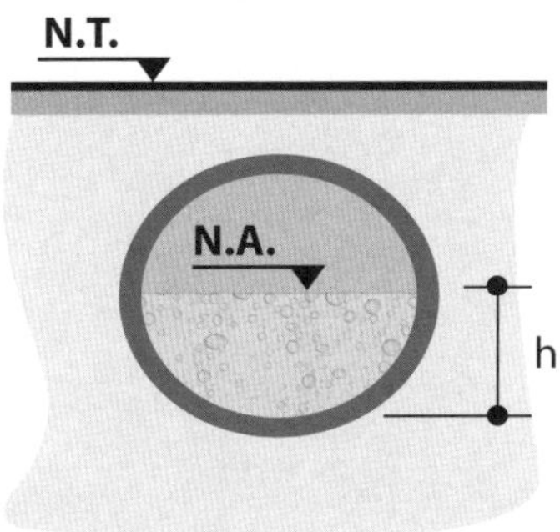

Canal circular

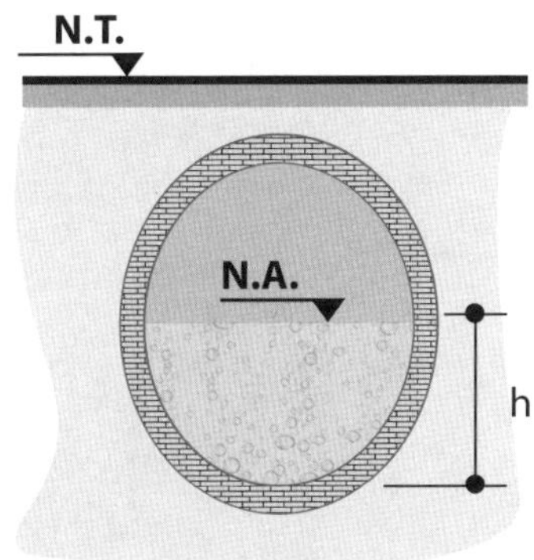

Canal circular
Construído de alvenaria, muito usado num longínquo passado

Nota

Em grandes cidades (São Paulo é um exemplo) ainda existem, funcionando, canais de águas pluviais construídos com tijolos, pois na época de sua construção (séculos XVII e XVIII) não existia o material concreto armado e tudo era feito com tijolos assentados com argila (barro de qualidade).

45. Reconhecimento corajoso de um engenheiro hidráulico que copiava (chupava) seus próprios projetos de estações de tratamento de água

E-mail do leitor e engenheiro Alcides.[1]

> *Formei-me em 1965, mas, desde o início da faculdade, eu já queria fazer engenharia sanitária e ou engenharia estrutural. Dominado por essa paixão, eu fazia estágios e lia todos os números da sacrossanta revista* DAE*, hoje publicação da Sabesp. Frequentar os ambientes da engenharia sanitária – os cursos – eu não frequentava, mas de nome eu já conhecia todos os figurões que desfilavam por aquela revista técnica. Quando me formei, e para minha felicidade, fui exatamente trabalhar em engenharia sanitária, e tinha alguns semideuses na cabeça. Não vou citá-los nominalmente, mas quem tem mais de quarenta anos [ano de 1987] os conhece. Para mim, esses semideuses da engenharia sanitária estavam em um Olimpo, e semideuses não cometem pecados.*

[1] Atendendo ao pedido do leitor, o nome dele é fictício.

Não demorou muito, porém, para que eu tivesse as minhas primeiras surpresas. Um dia, enquanto eu trabalhava no projeto de uma pequena estação de tratamento de água (ETA), alguém me disse ao pé do ouvido:

"Você sabe que o engenheiro X não projeta estações de tratamento de água? Ele já tem prontos uns dez projetos típicos de várias capacidades. Quando vai estudar o abastecimento de água de uma cidade, ele força o estudo do crescimento da população da maneira que ele possa usar um de seus projetos já prontos. Então ele tira um jogo de originais copiativos[2] *e tão simplesmente coloca o carimbo específico. Não faz, portanto, nada de projeto. Chupa de um seu projeto já pronto! Mas cobra em cada caso do cliente os honorários, como se fossem referentes a um novo projeto."*

Fiquei arrasado. O Eng. X, de quem essa pessoa falava, estava na lista dos meus semideuses. Eu não podia acreditar. Um engenheiro manipular o estudo do crescimento de uma cidade só para poder cair em um tamanho tal que permita a ele usar os seus projetos de ETA!? Preferi não acreditar. Quem acreditava, como eu acreditava, na existência de semideuses, não podia aceitar que um deles tivesse uma atitude tão criticável, de adaptar, forçar estudos para minimizar trabalhos de projetos! Mudei de assunto, mas a fofoca, a maledicência, a suspeição ficaram dentro de mim. No ano seguinte houve um dos inesquecíveis congressos de engenharia sanitária, e lá, debutando, estreando, estava eu!

Numa das noites do congresso, no bar do hotel, depois de eu ter virado uns cinco chopes, para minha surpresa, o engenheiro X aproximou-se, pois conhecia o colega de congresso que estava à mesa comigo. Fui então apresentado ao engenheiro X, um dos meus semideuses, e a conversa correu solta. Fruto da conversa, acabei ficando amigão dele. Na noite seguinte voltamos aos chopes, agora numa mesa ampliada, na qual havia cerca de cinco ou seis colegas.

O Eng. X dominava a plateia. Ele falava bem e com discreto orgulho. E aí aconteceu o inesperado. A bomba. O engenheiro X falou:

[2] Na época era o que havia. Desenhos copiativos eram desenhos em papel vegetal, copiados de desenhos originais feitos com tinta nanquim. Eram chamadas de cópias ozalides pelo tipo de papel vegetal empregado. Tanto os desenhos copiativos como os originais podiam ser reproduzidos usando um papel químico, passando-os por uma máquina que projetava uma forte luz (heliográfica). Reproduzia-se assim a imagem em tamanho igual, gerando um novo desenho. Até desenhos A1 eram reproduzidos dessa forma. A projetista produzia os originais, e costumava-se mandar aos clientes desenhos copiativos que podiam gerar cópias de qualidade razoável.

"Eu sempre fui conhecido por adaptar estudos de população para poder usar projetos padronizados de minha autoria de estações de tratamento de água..."[3]

Fiquei estarrecido: então o pecado era verdade!! O semideus tinha pés de barro.

E o semideus confirmava o seu pecado publicamente. Haverá algo mais público do que mesa de chope em congresso de engenharia?

Meu mundo de valores girava. Não fiz por menos. Apesar de ser então um novato na engenharia sanitária, ataquei rude o meu – agora – quase ex-ídolo.

"O senhor acha correto chupar projetos?"

O engenheiro X acusou o golpe. Pensativamente, acabou de beber o seu sagrado copo de chope, pensou um pouco e revidou o ataque:

"Abandonemos preconceitos, jovem colega. Quando um cliente nos pede um projeto de uma ETA ou de qualquer outro empreendimento, ele não está exigindo um lance de ineditismo. O que ele quer é um conjunto de documentos do empreendimento. Só isso. Não importa se esses documentos já foram usados em outro empreendimento. Aliás, eu corrijo. Importa e muito saber se esse projeto já foi usado antes. Se foi usado antes, podemos tirar partido da experiência já feita e ir melhorando paulatinamente os nossos desenhos e documentos padrões. Um dia, ao cobrar de um prefeito os honorários de um projeto já entregue, o alcaide municipal não quis me pagar integralmente, alegando que o projeto entregue à sua Prefeitura era igualzinho ao projeto de uma ETA de uma cidade próxima. Mostrei a ele, então, doze pequenas modificações que eu introduzira no projeto padrão, face à experiência obtida na obra já realizada na cidade próxima. Mostrei que ele estava ganhando com essa experiência, e que isso só é possível de ser feito se usarmos projetos padrões, podendo assim acumular experiências críticas e evoluir..."

Agora eu é que acusei o golpe. Mas não cedi e contra-ataquei:

"Aceito parcialmente seu argumento, mestre. Mas, para conseguir isso o senhor não deveria forçar, violentar o estudo do crescimento populacional da cidade para dar um valor que coincida com um seu projeto chupado, digo agora respeitosamente, seu projeto padronizado..."

---

[3] Perceberam a sutileza da escolha da palavra "adaptar"? Em vez de dizer "violentar", "forçar" etc., ele usou a expressão mais aceitável ou mais civilizada, "adaptar"...

Eu fiquei engasgado e ruborizado com a minha ousadia de atacar um semideus, e preparei-me para ouvir uma resposta arrasadora... Porém, não houve resposta raivosa.

Tão somente o Eng. X respondeu paternalmente:

"Afaste de sua cabeça, meu jovem engenheiro, a ideia do determinismo na engenharia, principalmente numa engenharia marcadamente humana como a engenharia sanitária. Estudos de previsão de crescimento de população nada mais são do que tendências de crescimento, nada mais.

Dizer que a cidade Y que hoje tem 35 mil habitantes daqui a vinte anos vai ter 62.500 habitantes é pura inocência. Ela vai ter, com alguma chance, uma população entre 50 mil e 70 mil habitantes. Dentro dessa larga faixa, qualquer valor de previsão populacional[4] é aceitável. Eu escolho um valor para o qual eu já tenho um projeto padronizado."[5]

Quando eu, Alcides, fui tentar balbuciar algo, ele continuou:

"No passado, os marceneiros faziam portas ao gosto do arquiteto ou do dono da casa a ser construída. Hoje, todas as portas têm medidas padronizadas. A padronização na engenharia é uma tendência universal. Não tem cabimento fazer um projeto de uma ETA para 45 mil, um projeto para uma ETA de 50 mil ou um projeto para uma ETA para 55 mil habitantes. As variáveis principais que governam o estudo do crescimento populacional das cidades não têm sensibilidades dessa ordem. Temos que padronizar, racionalizar, pré-fabricar. Isso é o futuro. Trabalhar caso a caso é ir contra a roda do progresso..."

Terminando seu discurso, ele avisou que tinha que se retirar, pois era relator de uma comissão do congresso que ia se instalar daí a pouco.

Eu, confuso com tantos conceitos novos e que modificavam o que estava na minha cabeça, não sabia mais o que pensar. Como última alternativa, voltei-me ao copo de chope. Já estava quente. Levantei-me e fui para a sessão plenária do congresso.

---

[4] Frase de um grande engenheiro com altíssimos cargos de direção no saneamento público: "Ao ler um relatório de engenharia sanitária no qual o estudo do crescimento populacional de uma cidade tem mais de duas páginas, já recuso o trabalho. Estudo populacional com mais de duas páginas é mera fantasia...".

[5] Relembre a frase histórica do industrial americano Henry Ford: "Meus clientes podem escolher a cor dos seus automóveis, desde que sejam da cor preta". Essa é a chamada "cláusula de príncipe".

Levei meses pensando nas frases do Eng. X. Hoje tenho uma avaliação sobre elas, e o próprio tom desta crônica já revela que agora concordo com as frases do Eng. X.

Agora uma última questão. Quem era o Eng. X? Não importa o nome. Importa a mensagem...

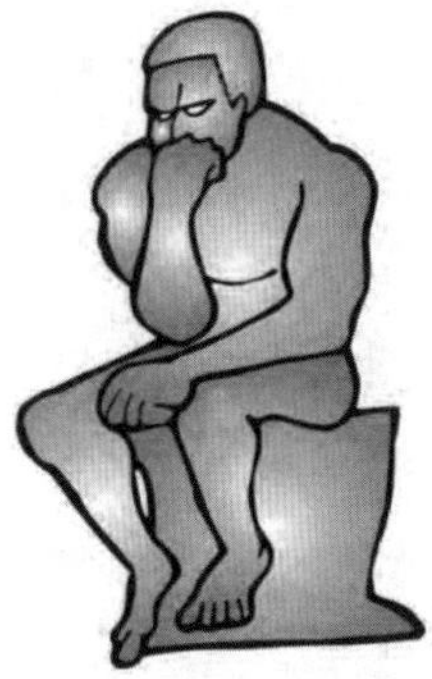

O que acha o caro leitor? Favor enviar e-mails de resposta para os autores...

46. Variação do funcionamento de uma bomba quando diminui ligeiramente a tensão elétrica do seu motor. Explicando visualmente a "perda de carga hidráulica" pelo uso das chicanas

Vejamos estes dois assuntos:

- **Parte 1.** O que varia numa casa de bombas quando cai ligeiramente a tensão elétrica do seu motor?
- **Parte 2.** Explicando visualmente a perda de carga hidráulica pelo uso de chicanas.

Nota

A leitura da Parte 1 não é recomendada para quem tem problemas cardíacos. É algo surpreendente.

Parte 1. O que varia numa casa de bombas quando cai ligeiramente a tensão elétrica do seu motor?

Seja uma casa de bombas com duas bombas – rotineiramente, porém, **só uma bomba trabalha** –, que abastece uma pequena cidade. O esquema da casa de bombas está na figura a seguir. O operador da casa de bombas é o Seu Altamirando, um funcionário bem interessado.

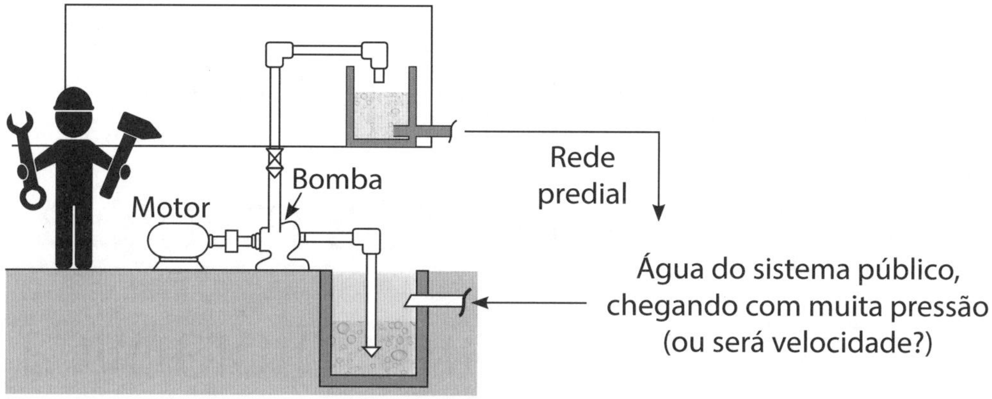

A bomba em questão é uma bomba centrífuga, bem mantida, acionada por um motor elétrico de indução. A vazão da bomba é de 17 L/s, a altura total de recalque é de 42 m e a potência do motor elétrico é de 15 CV (HP).

Tudo funciona bem nessa casa de bombas, mas, de vez em quando, a tensão elétrica (voltagem) reduz de cerca de 6%. É raro, mas acontece.

Propõem-se as seguintes perguntas, face a essa pequena variação da voltagem na alimentação elétrica do motor:

a. Como varia a pressão disponível na saída de água chegando ao reservatório superior?

b. Como varia a rotação da bomba?

c. Como varia a vazão da bomba?

d. Como varia a pressão da bomba logo depois de seu flange?

e. Essa variação de tensão elétrica deve ser comunicada formalmente à concessionária de energia elétrica para instruir uma futura ação de perdas e danos pelo serviço de água contra a concessionária?

Essas cinco perguntas foram enviadas a um conceituado consultor internacional de estudos elétricos, e as respostas se seguem. Apresenta-se, na sequência, o próprio texto do consultor, Mr. KYW.

a. Como varia a pressão disponível na saída de água chegando ao reservatório superior?

   Que pergunta estranha! A pressão disponível na saída de água, já na atmosfera, é nula, totalmente nula, e com a variação da tensão elétrica essa pressão continua nula.

b. Como varia a rotação da bomba?

   A rotação da bomba é rigorosamente igual à rotação do motor, e a rotação do motor depende do número de polos. Como o número de polos do motor elétrico não se alterou, a rotação do motor e, portanto, a rotação da bomba também não se alteraram.

c. Como varia a vazão da bomba?

   A vazão da bomba depende de sua rotação, mantidas as outras condições. Como a rotação da bomba não se alterou, a vazão bombeada também não se alterou, ou seja, permanece a mesma, igual à vazão quando a tensão elétrica (voltagem) era a tensão prevista.

d. Como varia a pressão da água saindo da bomba logo depois de seu flange?

   Como a vazão da bomba não mudou, a pressão da água saindo da bomba não se alterou, e, portanto, será a vazão que chegará tranquilamente até o reservatório superior.

e. Essa variação de tensão elétrica deve ser comunicada formalmente à concessionária de energia elétrica para instruir uma futura ação de perdas e danos pelo serviço de água contra a concessionária?

   Não há necessidade de informar formalmente à concessionária de energia elétrica, pois uma redução periódica da tensão elétrica de tão pequeno valor é permitida pela norma brasileira NBR 5410 (ABNT).

Fim das respostas do consultor Mr. KYW. A seguir, texto do parecer desse consultor:

A tensão não influi na rotação do motor e no desempenho da bomba. A rotação varia com a frequência.

Atualmente são muito utilizados os inversores de frequência, que permitem variar a frequência para a alimentação de motores, permitindo assim variar a sua rotação.

A queda de tensão na alimentação de um motor é normal. A NBR 5410, para instalações de baixa tensão, como é o caso, permite, no dimensionamento de um circuito de motor, uma queda de tensão de até 7% em regime.

Na partida, a queda de tensão pode ser de até 10%.

Em resumo, uma queda de tensão de 2% e até 6% não afeta em nada o funcionamento do motor.

Uma queda de 9% em regime já está fora da norma, mas, de qualquer forma, não implica alteração na rotação do motor e, portanto, não altera a rotação da bomba.

Pergunta adicional e posterior do operador da casa de bombas, seu Altamirando, pessoa dedicada e curiosa:

"Agora não entendi. Houve alteração, ou seja, diminuição da tensão elétrica que alimenta o motor *e nada aconteceu*????"

O consultor Mr. KYW, que era um pouco irritadiço, respondeu algo nervoso:

> *"Pelo contrato de consultoria, eu devo responder às perguntas que me são feitas, e nada me perguntaram. Só agora chegou sua pergunta, mas, mesmo assim, vou responder.*
>
> *Com a variação, redução de tensão elétrica, como a demanda de potência elétrica é a mesma, algo mudou. Lembremos que $P = V \times I$ (a potência é fruto da multiplicação da tensão elétrica pela corrente elétrica). P no caso é constante, mas V diminuiu e, portanto, obrigatoriamente aumentou a corrente elétrica, o que pode ser visto no amperímetro do sistema. O mistério está desfeito."*

Parte 2. Explicando visualmente a perda de carga hidráulica pelo uso de chicanas

Existe ao menos um caso de demonstração visual da ocorrência da perda de carga hidráulica. Para entender melhor, reconheçamos a construção e o uso da chamada "chicana hidráulica".

Nas antigas estações de tratamento de água, não era comum a existência de misturadores mecânicos para misturar a água a ser tratada com os produtos sulfato de alumínio e cal. Usava-se, então, para efetuar essa mistura, um dispositivo chamado de "chicana hidráulica". A "chicana hidráulica" é um sistema de canais sequenciais do tipo "vai e volta", construída em concreto armado ou alvenaria, gerando com isso a mistura. Nessa construção, quando em funcionamento, pode-se ver lado a lado o nível de água variando, ou seja, para a mesma vazão, o nível de água no início da chicana é maior, e visivelmente maior, que o nível de água no fim da chicana. A diminuição da altura da água deve-se à perda de carga hidráulica. Como a chicana tem fundo constante, quem dá declividade é a cota superior da água do escoamento.

Com o desenho a seguir, complementa-se a explicação.

A perda de carga é visível para quem visita essas velhas estações de tratamento de água e assiste ao funcionamento de uma chicana.

Chicana

Planta

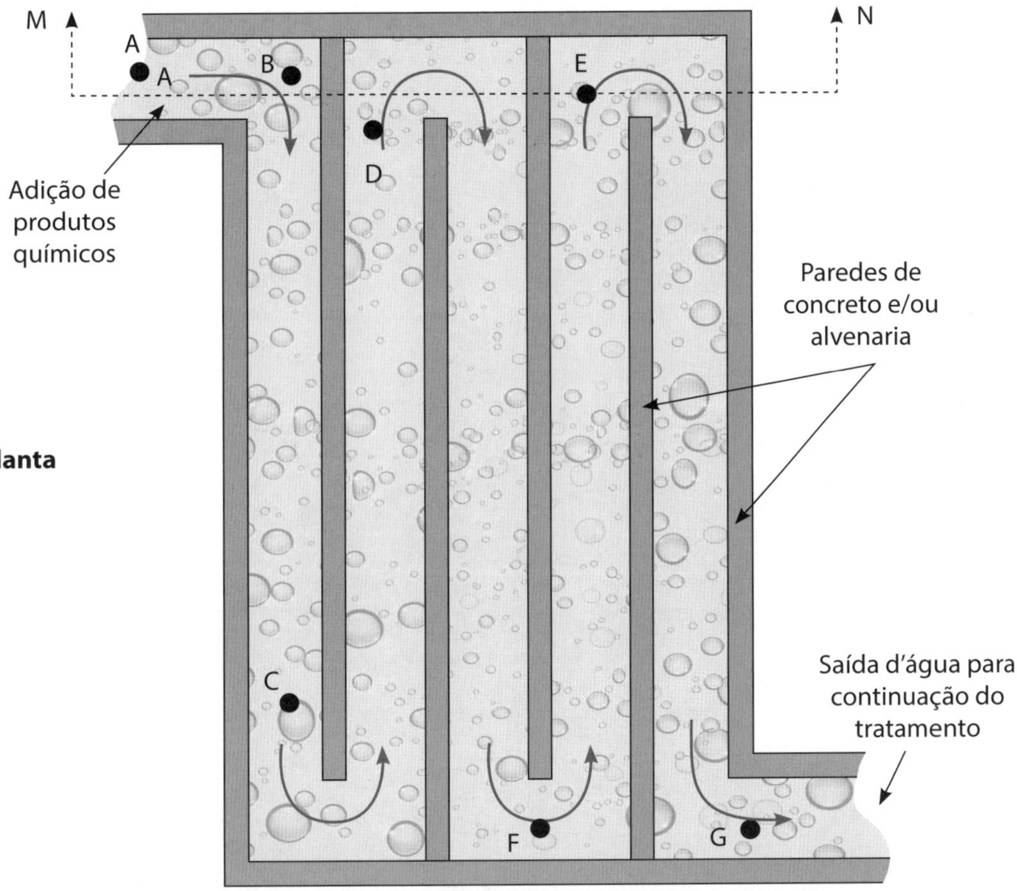

Corte MN

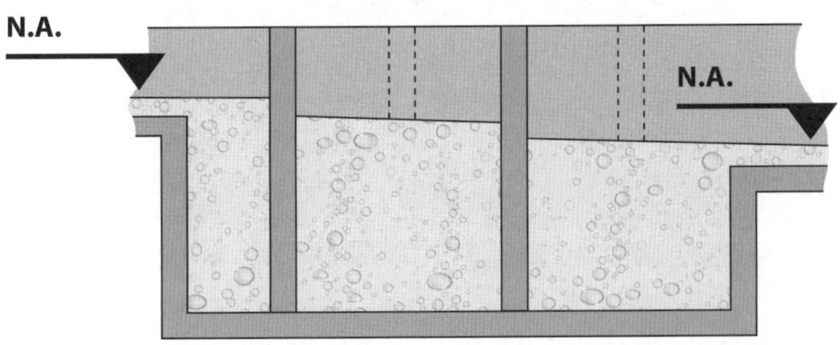

O corte MN mostra como cai o nível da água ao longo da chicana.
É a perda de carga ao longo do trajeto.

47. Intervenção da comunicadora Maria Angélica

Parecer da profissional de comunicação Maria Angélica sobre o presente texto.

O Pensador – Rodin.

Eu, **Maria Angélica**, como profissional da área da Comunicação, fui surpreendentemente solicitada pelos autores de todo o presente trabalho para analisar o texto em pauta, procurando dar contribuições. Envolvi-me desta forma em algo inesperado. Uma profissional da área de humanas analisando um texto técnico, embora eu soubesse que, sendo um **texto botelhano**, e eu conheço o autor MHCB, haveria surpreendentes molhos, condimentos e adendos humanistas, fato que me atraiu e me levou a aceitar o desafio.

Meus comentários sobre a minuta do texto seguem-se.

1. A acusação contra Sancho Pança traz a realidade da engenharia do dia a dia, discutindo até o fato de a camisa do fiel escudeiro de Dom Quixote ficar

molhada com a água que saía de uma torneira. Os autores colocam em questão a famosa dúvida, já levantada por Machado de Assis:

Capitu traiu ou não Bentinho?

No caso, a questão é:

A camisa do Sancho se molhou por culpa da pressão da saída de água ou da velocidade da saída de água?

Ao longo do texto, os autores são implacáveis na acusação, e deixamos o leitor ver quem é implacavelmente acusado.

2. O caso do ludião ajuda a entender um fenômeno hidráulico que uma pessoa inocente entenderia como algo mágico. Outra vez os autores são implacáveis contra a pobre tia Dinorah, uma simples mágica ambulante. A figura da tia Dinorah é, convenhamos, um simples tempero, mas, na história da humanidade, todos os temperos fizeram as comidas ficarem mais saborosas!

3. No texto, a repetição à exaustão de exemplos numéricos deve seguramente facilitar a compreensão dos jovens leitores. Nesse assunto não tenho como opinar. Num texto convencional poderia ser até criticável, mas num texto de objetivos exclusivamente didáticos pode ajudar. Do ponto de vista tecnológico, não posso opinar.

4. A questão dos dois professores de Geometria, dando aulas completamente diferentes, para um aluno de 14 anos é uma questão importantíssima, pela abordagem didática exposta. Eu, como comunicadora e, portanto, profissional de ciências humanas, gostaria de ter sido aluna do professor B, pois assim talvez tivesse menos problemas para entender o famoso teorema de Pitágoras. A colocação também no texto de numerosos esquemas e desenhos deve ajudar muito aos jovens leitores.

5. A figura do dr. Heins, que teria descoberto uma lei da Hidráulica, indo contra tudo o que se sabe, é muito interessante e curiosa. Apesar do erro do dr. Heins (**quem diz que é erro são os autores, e não esta comunicadora, destaque-se**), a apresentação da história e sua resolução do aceito **método do absurdo** é muito interessante e atrativo. Mas fica um alerta: o método da demonstração por absurdo precisa ficar muito claro ao jovem leitor, mostrando o caminho lógico traçado, mas mostrando também o **erro desvendado pelo método**.

6. A história da plaquetinha no banheiro por onde saía a descarga hidráulica do boiler (aquecedor à eletricidade) eu consegui entender. A questão analógica de Romeu e Julieta na questão da posição da fechadura do banheiro (a parte Romeu da fechadura deve ficar sempre do lado interno do banheiro) me alertou. Como tenho dois pimpolhos pré-adolescentes, vou tomar os cuidados que a história ensina e que eu nunca tinha visto apresentados antes. O leitor que fez a pergunta elogiou o ineditismo didático do exemplo. Idem o

alerta contra o uso da "maçaneta tipo bola", apelidada de "maçaneta escangalha-mão". Em face do alerta, vou trocar a minha.

7. A incrível e inacreditável história das águas pluviais ensinadas e obedientes só pode ser aceita no mundo da **"suprarrealidade artística"**. Cuidado para não colocar essa historieta numa tese de mestrado, pois aí o mundo é formal, clássico e convencional, e liberdades criativas não costumam ser bem-vindas...
8. A inserção no texto do desenho do **"pensador"**, feita pelo escultor Rodin, é sempre um bálsamo, e, então, parabéns por incluí-lo no texto de vocês, convidando para a sempre necessária reflexão...
9. O caso da implantação da rede de esgotos da cidade de Goiânia (GO) na década de 1930 me fez entender, como simples cidadã, a importância de bem implantar e operar um sistema público, que pode ser um sistema de esgoto, sistema de água ou um sistema de coleta e disposição de esgotos.
10. Finalmente, a história do "Zé da Água" é bem humana. Eu, como natural e moradora no estado do Pará até a adolescência, conheci alguns "Zé da Água" e deles me recordo. Também sofri com a necessidade de só tomar banho à noite pela precariedade do sistema público de água de minha pobre cidade.

Que o texto seja bem recebido pela área técnica.

Parabéns pela iniciativa de chamar uma profissional de outra área, como eu, no esforço de iluminar o caminho. Vale sempre a regra filosófica:[1]

> *"Ao atravessar um túnel ferroviário, totalmente escuro, use uma vela acesa para iluminar o caminho e, depois de chegar à outra extremidade, deixe a vela acesa, para ajudar a um outro ser humano que também quer atravessar esse túnel escuro..."*[2]

Profissional de comunicação **Maria Angélica**, 14 de junho de 2020.

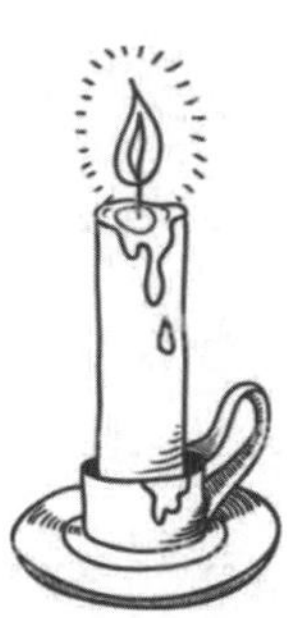

[1] É que o autor MHCB teve um dia uma inesquecível professora de Filosofia de nome Zelinda.

[2] Velho túnel ferroviário totalmente escuro, construído com tijolos e boa engenharia. Ao atravessar, deixe uma vela acesa para ajudar a um outro ser humano que irá passar por aí.

48. Homenagem ao professor Azevedo Netto, autor do famoso *Manual de hidráulica*

Durante a produção do livro biográfico do professor Azevedo Netto, que já está pronto há um ano, o autor MHCB recebeu várias contribuições de ex-alunos do mestre que enriqueceram o livro, entre as quais, pela sua singularidade, uma delas estamos colocando a seguir. Mantivemos o texto na língua castelhana, pois o tema fica assim algo mais saboroso. Esse livro biográfico do mestre Azevedo pode ser enviado, sem custo, via internet, a quem o solicitar, também via internet.

O texto recebido segue-se:

> *San Pablo, 3 de Junio de 2018*
>
> *Carlos Gardel y el Profesor Azevedo*[1]
>
> *Mi nombre es Juan y soy de un país de habla española. Les pido disculpas por escribir en castellano es que hace tiempo que no uso más la lengua portuguesa. Soy ingeniero especializado en el área sanitaria y tuve la feliz oportunidad de estudiar en la Facultad de Salud Pública de San Pablo en los años 60 del siglo XX. El curso duró un año y entre los profesores, todos de muy buen nivel, se destacaba, por sus clases inolvidables, el Profesor Azevedo Netto. Les cuento ahora algo muy conectado a la cultura argentino/uruguaya. Su mayor cantor de tangos fué Carlos Gardel. Felizmente la aplastante mayoría de las músicas que Gardel cantó, quedaron gabradas y las rádios de ambos países las reproducen permanentemente y de manera consagrada. Argentinos y uruguayos, hasta*

[1] Prof. José Martiniano de Azevedo Netto – o autor do famoso livro *Manual de hidráulica*.

el día de hoy, cuando escuchan a Gardel cantando, repiten de forma unísona:

"Gardel canta cada día mejor!!!"

Yo, después de recebido, pocas veces regresé a Brasil, pero hace aproximadamente 3 años viajé profesionalmente a San Pablo y debido a compromisos profesionales pasé por la avenida Teodoro Sampaio/avenida Dr. Arnaldo y era más bien tarde, 23 horas. Yo estaba caminando para subir al subterraneo (metrô). En la confluencia de ambas avenidas se encuentra el edificio de la Facultad de Salud Pública, justamente donde yo había estudiado muchos años atrás. Evidentemente a esa hora de la noche todo el edificio estaba a oscuras, pero había una excepción. Había un aula con la luz encendida. Al mismo tiempo escuché sonidos muy probablemente salidos de esa misma aula. Quedé muy atento y toda mi historia vivida en esa facultad volvió a mi mente y me emocioné. No pude escuchar exactamente cuáles eran los sonidos salidos del aula, pero, crean en mí, algunos sonidos yo creo que pude distinguir. No sé si me confundí por la soledad de la noche o por los recuerdos maravillosos e inolvidables. Con mi emoción a flor de piel empecé, para mi gran sorpresa, a entender los sonidos. Eran los sonidos de una clase del Profesor Azevedo y con mucha atención, les digo:

"El profesor Azevedo...

O por él, o por la participación de sus discípulos, que ayudó a desarrollar,

O por sus inumerables libros y textos que escribió,

El gran maestro Azevedo continua enseñando,

Y tal cual Gardel,

Enseña cada día mejor!!!"

Tradução para a língua portuguesa

São Paulo, 3 de junho de 2018

Carlos Gardel e o professor Azevedo

Meu nome é Juan e sou de um país de língua espanhola. Peço-lhes desculpas por escrever em castelhano porque faz tempo que não uso mais a língua portuguesa. Sou engenheiro especializado na área de engenharia sanitária e tive a feliz oportunidade de estudar na Faculdade de Saúde Pública de São Paulo nos anos 60 do século XX. O curso durou um ano e entre os professores, todos de muito bom nível, se destacava por suas aulas inesquecíveis o professor Azevedo Netto. Conto a vocês agora algo muito ligado à cultura argentina/uruguaia. Seu maior cantor de tangos foi Carlos Gardel. Felizmente, a maior parte das músicas que Gardel cantou foram gravadas, e as rádios de ambos os países as reproduzem permanentemente e de maneira consagrada. Argentinos e uruguaios, até o dia de hoje, quando escutam Gardel cantando, repetem de forma uníssona:

"Gardel canta cada dia melhor!!!"

Eu, depois de formado, poucas vezes regressei ao Brasil, mas, faz algo como três anos, viajei profissionalmente a São Paulo e, devido a compromissos profissionais, passei pela avenida Teodoro Sampaio/avenida Dr. Arnaldo e era bem tarde, 23 horas. Eu estava caminhando para ir até a estação do metrô. Na confluência de ambas as avenidas se encontra o edifício da Faculdade de Saúde Pública, justamente onde eu havia estudado muitos anos atrás. Evidentemente, a essa hora da noite todo o edifício estava às escuras, mas havia uma exceção. Havia uma sala de aula com luz acesa. Ao mesmo tempo escutei sons dessa mesma sala. Fiquei muito atento; toda a minha história vivida nessa faculdade voltou à minha mente e me emocionei. Não pude escutar exatamente quais eram os sons provenientes dessa sala de aula, mas, creiam em mim, alguns eu pude distinguir. Não sei se me confundi por saudade na noite, ou por recordações maravilhosas e inesquecíveis. Com a minha emoção à flor da pele, comecei, para minha grande surpresa, a entender os sons. Eram sons de uma aula do professor Azevedo, e com muita atenção lhes digo:

"O Professor Azevedo...

Ou por ele, ou pela participação de seus discípulos,

Que ajudou a formar

Ou por seus inúmeros livros e textos que escreveu,

O grande mestre Azevedo continua ensinando,

E, como Gardel,

Ensina cada vez melhor!!!"

49. Anexos

Anexo I – Fórmula e ábaco de Hazen-Williams

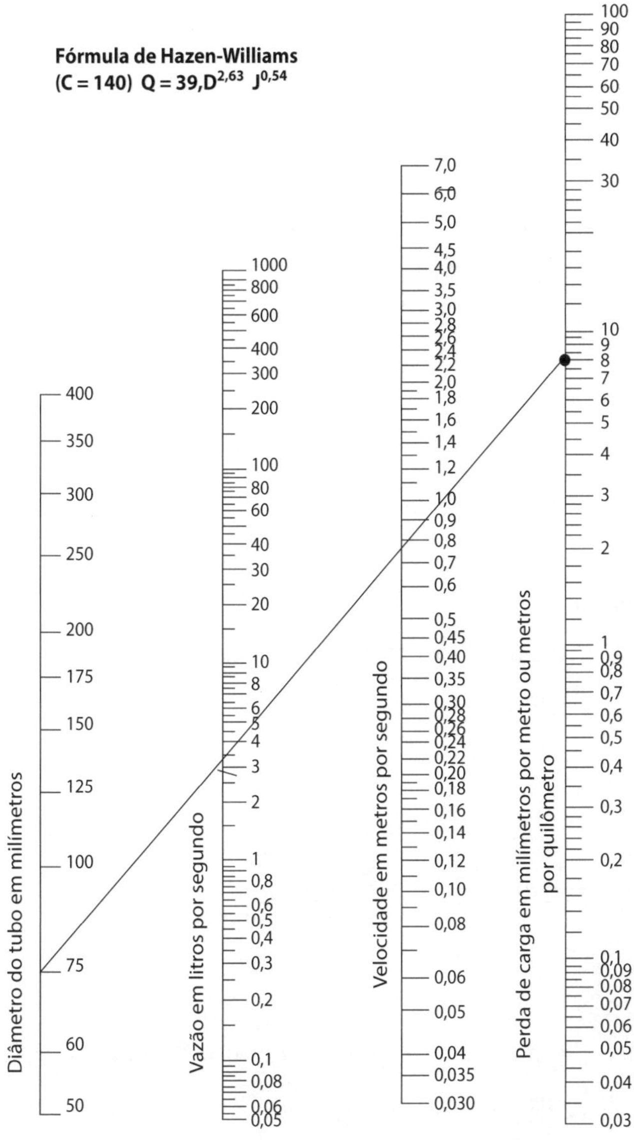

Anexo 2 – Tabela de comprimentos equivalentes para perdas de carga hidráulicas

DN (mm)	D. ref. (pol.)	Joelho 90°	Joelho 45°	Curva 90°	Curva 45°	T 90° passagem direta	T 90° saída de lado	T 90° saída bilateral
20	½	1,1	0,4	0,4	0,2	0,7	2,3	2,3
25	¾	1,2	0,5	0,5	0,3	0,8	2,4	2,4
32	1	1,5	0,7	0,6	0,4	0,9	3,1	3,1
40	1 ¼	2,0	1,0	0,7	0,5	1,5	4,6	4,6
50	1 ½	3,2	1,3	1,2	0,6	2,2	7,3	7,3
60	2	3,4	1,5	1,3	0,7	2,3	7,6	7,6
75	2 ½	3,7	1,7	1,4	0,8	2,4	7,8	7,8
85	3	3,9	1,8	1,5	0,9	2,5	8,0	8,0
110	4	4,3	1,9	1,6	1,0	2,6	8,3	8,3

Nota: DN, diâmetro nominal.

Exemplo de uso da tabela

Ao instalarmos, numa tubulação de eixo retilíneo, uma curva de 90° e uma válvula de retenção tipo leve, ambas de 75 mm, estamos introduzindo uma perda de carga na tubulação, assim calculada:

Curva de 90° 1,4 ø

Válvula de retenção 8,2 ø

Total da perda de carga introduzida na tubulação:

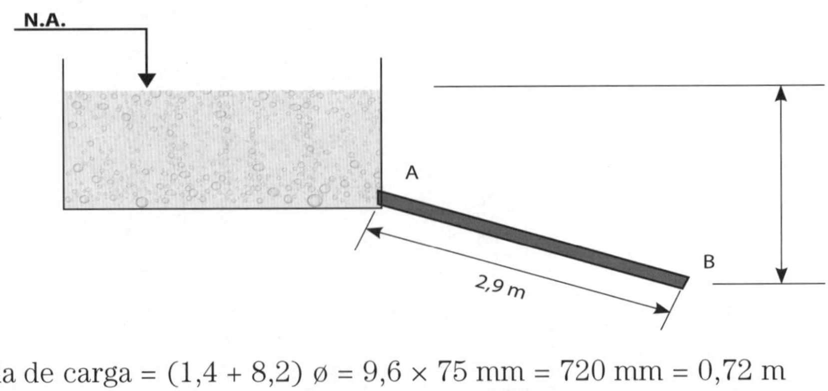

Perda de carga = (1,4 + 8,2) ø = 9,6 × 75 mm = 720 mm = 0,72 m

A nova extensão (para cálculo) AB será: 2,9 + 0,72 = 3,62 m

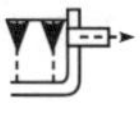	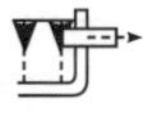			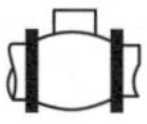				
Entrada normal	**Entrada de borda**	**Saída de canalização**	**Válvula de pé e crivo**	**Válvula de retenção tipo leve**	**Válvula de retenção tipo pesado**	**Registro de globo aberto**	**Registro de gaveta aberto**	**Registro de ângulo aberto**
0,3	0,9	0,8	8,1	2,5	3,6	11,1	0,1	5,9
0,4	1,0	0,9	9,5	2,7	4,1	11,4	0,2	6,1
0,5	1,2	1,3	13,3	3,8	5,8	15,0	0,3	8,4
0,6	1,8	1,4	15,5	4,9	7,4	22,0	0,4	10,5
1,0	2,3	3,2	18,3	6,8	9,1	35,8	0,7	17,0
1,5	2,8	3,3	23,7	7,1	10,8	37,9	0,8	18,5
1,6	3,3	3,5	25,0	8,2	12,5	38,0	0,9	19,0
2,0	3,7	3,7	26,8	9,3	14,2	40,0	0,9	20,0
2,2	4,0	3,9	28,6	10,4	16,0	42,3	1,0	22,1

Anexo 3 – Tabela de cálculo de vazões em tubo de seção circular cheio de água

Velocidade (m/s)			0,1	0,3	0,5	0,7	1,0	1,2	1,4	1,6	1,8	2,0
Ø (mm)	Ø (")	S (m^2)	Q = S . V (L/s) – Vazão									
12,5	½	0,00012	0,01	0,03	0,06	0,08	0,12	0,14	0,17	0,19	0,22	0,24
18,95	¾	0,00028	0,02	0,08	0,14	0,19	0,28	0,33	0,39	0,45	0,50	0,56
25	1	0,00049	0,04	0,14	0,24	0,34	0,49	0,58	0,68	0,78	0,88	0,98
50	2	0,00196	0,19	0,58	0,98	1,37	1,96	2,35	2,74	3,14	3,53	3,92
75	3	0,0044	0,44	1,32	2,20	3,09	4,41	5,29	6,18	7,06	7,94	8,83
100	4	0,0079	0,78	2,35	3,92	5,49	7,85	9,42	10,99	12,56	14,13	15,70
150	6	0,0177	1,76	5,29	8,83	12,36	17,66	21,19	24,72	28,26	31,79	35,32
200		0,0314	3,14	9,42	15,70	21,98	31,40	37,68	43,96	50,24	56,52	62,80
300		0,071	7,06	21,19	35,32	49,45	70,65	84,78	98,91	113,04	127,17	141,30
400		0,126	12,56	37,68	62,80	87,92	125,60	150,72	175,84	200,96	226,08	251,20
500	20	0,196	19,62	58,87	98,12	137,37	196,25	235,50	274,75	314,00	353,25	392,50
1.000	40	0,785	78,50	235,50	392,50	549,50	785,00	942,00	1.099,00	1.256,00	1.413,00	1.570,00

Nota: Ø (mm) = Ø (") = DN, diâmetro nominal da tubulação.

Exemplo de uso da tabela

Qual a vazão que passa por um tubo de 75 mm (3") tendo uma velocidade de 1,2 m/s?

Resposta: 1,2 m/s ↓

75 mm → **5,29 L/s** ← Vazão

Vale notar que a precisão da tabela vem de cálculos teóricos. Devemos entender o resultado como algo **próximo de 5 L/s**.

50. Fontes de referência de águas cristalinas e refrescantes

Os autores consultaram, entre outros:

1. BOTELHO, M. H. C.; RIBEIRO JR., G. A. *Instalações hidráulicas prediais usando tubos de plástico*. 4. ed. São Paulo: Blucher, 2014.
2. AZEVEDO NETTO, J. M.; FERNÁNDEZ Y FERNÁNDEZ, M. *Manual de Hidráulica*. 9. ed. São Paulo: Blucher, 2015.
3. BLACKWOOD, O. H.; HERRON, W. B.; KELLY, W. C. *Física na escola secundária*. 2. ed. Brasília: MEC, 1962.
4. LANGUE, V. *Paradoxos e sofismas físicos*. Moscou: MIR, 1984. (Coleção Física ao Alcance de Todos)
5. *Física – Curso secundário*. São Paulo: FTD, 1927. (Coleção FTD)
6. MAIZTEGUI, A. P.; SABATO, J. A. *Introducción a la Física*. Buenos Aires: Kapelusz, 1956. (Vol. 1)
7. KLEIBER, J.; KARSTEN, B. *Tratado Popular de Física*. Barcelona: Editorial Gustavo Gill, 1964.

51. Contato com os autores. Eles gostam...

Os autores deste texto muito apreciariam receber críticas, dúvidas, comentários e contribuições dos leitores.

E-mails para contato:

@ Eng. Manoel Henrique C. Botelho

manoelbotelho@terra.com.br

@ Eng. Nelson Newton Ferraz

nelfer2011@gmail.com

Modelo sugerido para seus comentários:

1. Você, caro leitor, gostou do texto?

☐ Não gostei ☐ Apenas interessante

☐ Gostei ☐ Gostei muito

2. Comentários sobre o texto:

____

____

____

3. Sugestão de novos livros:

____

____

____

4. Agora, por favor, forneça seus dados:

Data: _____ / _____ / _____

Nome: ____________________ Telefone: ( ) __________

Cidade: ____________________ Estado: __________

E-mail: ____________________ Formação: __________

Nota

O engenheiro e professor Manoel Henrique Campos Botelho, autor do livro ***Concreto armado, eu te amo*** e outros livros, faz palestras e cursos rápidos em "Semanas da Engenharia" em todo o Brasil.

GRÁFICA PAYM
Tel. [11] 4392-3344
paym@graficapaym.com.br